新时代教育高质量发展书系
XIN SHIDAI JIAOYU GAO ZHILIANG FAZHAN SHUXI

U0693139

育人为本
决胜未来

如何塑造学生健全人格

徐怡华 吴平波◎主编

中国大百科全书出版社　　知识出版社

图书在版编目（CIP）数据

育人为本，决胜未来 ： 如何塑造学生健全人格 / 徐
怡华，吴平波主编. -- 北京 ： 知识出版社，2021.10
（新时代教育高质量发展书系）
ISBN 978-7-5215-0446-0

Ⅰ．①育… Ⅱ．①徐… ②吴… Ⅲ．①青少年心理学
-人格心理学 Ⅳ．①B844.2

中国版本图书馆CIP数据核字(2021)第199037号

育人为本，决胜未来：如何塑造学生健全人格

徐怡华　吴平波　主编

出 版 人	姜钦云
图书统筹	王云霞
责任编辑	程　园
责任印刷	吴永星
出版发行	知识出版社
地　　址	北京市西城区阜成门北大街 17 号
邮　　编	100037
电　　话	010-88390739
印　　刷	北京一鑫印务有限责任公司
开　　本	710mm×1000mm 1/16
印　　张	17.75
字　　数	207 千字
版　　次	2021 年 10 月第 1 版
印　　次	2023 年 3 月第 2 次印刷
书　　号	ISBN 978-7-5215-0446-0
定　　价	40.00 元

序

　　教育是关乎千家万户的事业，任何一个社会，都需要教育思想的引领。时代在变，教育也在变。然而，变中也有"不变"，所以，我们要对教育进行哲学的思考，只有搞清楚了哪些需要变，哪些不能变，才能真正做好教育。而教育的本质是什么，什么是好的教育，理想的教育是什么样的，这些最基本的教育问题应是教育哲学思考的源头。只有弄清楚这些最基本的问题，我们才能找到正确的方向，办出有质量的教育。

　　教育是培养人的事业，是一个通过培养人让人类不断走向崇高、生活更加美好的事业。因此，教育最重要的任务是塑造美好的人性，培养美好的人格，使学生拥有美好的人生。如何达成这样的目标？那就需要一批有理想、有情怀、有追求、有实干精神的校长和教师，用自己的青春和智慧去践行。而在现实中，也确实有这样一群人，他们热爱教育事业，关爱每一个学生，一步一个脚印，用脚去丈量教育，用心去感受教育，用智慧去点亮教育。

　　如何将这样一群人聚在一起，用他们的智慧去影响更多的教师？

　　中国大百科全书出版社、知识出版社策划出版了"新时代教育高质量发展书系"，进行了可贵的探索。他们在全国范围内会聚了60名优秀的教育工作者，这些教育工作者大多是扎根教育一线的优秀校长和教师。书中的经验、实践、体会和思想，既有教学的艺术，也有管理的智慧；既有育人的技巧，也有师德的弘扬；既有教师的发展思考，也有校长的成长感悟；既有师生关系的融通之术，也有家校关系的弥合之道。60本书，60个点，每一个点都是一门学问，一门艺术。

我今年给"新教育"的同人写过一封新年信，题目是"让教育沐浴人性的光辉"，从三个方面对教师的工作提出了建议。我也把这三条建议送给这套丛书的作者和读者朋友。

一是要善待我们自己。要珍惜时间，张弛有度，让人生丰盈；发现教师职业魅力，做一个善于享受教育生活的人；培养健康的爱好，做一个有生活情趣的人；与学生一起成长，做一个在教育过程中不断进取的人；不断挑战自我的最高峰，做一个创造自己生命传奇的人。

二是要善待学生。要把学生作为一个真正的人看待，让学生能够张扬自己的个性，发挥自己的潜能，成为更好的自己。在我们教室里的学生，首先是活生生的生命。我们应该从生命的角度考虑，首先是如何帮助他成为一个人，一个有理想、有激情、有智慧的人，一个能够适应社会并且受人欢迎的人，一个挖掘自身潜能、张扬不同个性的人。

三是要把教育的温暖传递给社会。许多问题，归根结底是教育的问题。尽管我们任何一个人，作为个体的力量都是有限的，但是，再渺小的个体，也能够温暖身边的人。所以，我们要让所有和我们相遇的人，都能够感受到我们的美好和温暖，这也是让人与人之间，让全社会变得更美好、更温暖的有效方式。

有人性的人是明亮的，有人性的教育是光明的。让教育沐浴人性的光辉，我们的今天将会更加幸福，我们的明天将会更加美好，我们的世界将会因此璀璨。

是以为序。

朱永新

2020 年 5 月 1 日

目　录

第四章 健全人格教育经典案例

理论篇

第一章

健全人格教育的顶层设计

第一节 基础教育改革发展的"实验"表达

如何打破当今学生成长、教师发展、学校建设遭遇的瓶颈，促进学生健康成长，深化课程改革，创建新的育人模式，回应钱学森发出的世纪之问？

如何才能站得更稳，走得更好，跑得更快，做有使命感的教育领跑者，办人民满意的学校？同时，如何做到沉稳，大气，静水流深，经得住各种流俗、思潮的冲击，寻找哲学意义上的教育价值观？深圳实验学校一直在思考，一直在实践。

一、学生成长全记录——基于大数据的学生成长表达

在这样一个信息时代里，数据已经成为我们生活中重要的一部分。《国家中长期教育改革和发展规划纲要（2010—2020年）》指出，信息技术对教育发展具有革命性影响。国家工信部、教育部正加大力度推进教育信息化。学校应顺势而动，率先建立基于大数据的学生成长全记录。

数据是事实和数字。从这些事实和数字中我们可以得到一些重要结论，而对于教育管理机构和学校来说，这些重要结论在它们做相关决策时将发挥关键作用。教育教学"事实和数据"的描述性统计分析对学生成长、发展趋势的判断具有很高的参考价值。

"成长记录袋"作为课改的新生事物，引起过广泛的关注，但细细想来，"成长记录袋"依然只是学生成长的"点"状记录，而我们基于大数据而建立的学生成长全记录，则超越"点"状记录，形成"纵"（小学、初中、高中12年一贯制）、"横"（人格、

学业、特长、发展）交织的网状结构，并最大可能地向家长提供孩子在校的主要成长参数、综合素养指标及学生成长预测与发展图谱。

（一）记录即评价，全程关注每一个学生的每一天

全程跟踪——学生自进入学校第一天起，即按子系统划分、收录、存储学生校园生活点滴、成长故事、学业成绩、荣誉记录、综合评价等，实现学生数据和影像的永久保存。

全面关注——关注学生的人格、学业、兴趣特长、全面发展等综合情况。不管哪个学段、年级、班级，不管哪个老师，要做到数据一贯性、同步性、协调性。不因教师的流动而影响对学生的看法和评价，要减少分班、升级后的评价波动。

全方位记录——形成可以量化的"八大综合素养数据链"。优先开展针对中小学生的综合素养评价。提升中小学生的"八大素养"，即品德素养、身心素养、学习素养、创新素养、国际素养、审美素养、信息素养、生活素养。深圳实验学校应结合健全人格教育，创建具有"实验"特色的中小学生综合素养评价平台。

在学生评价端口，增添学生的自我评价和家长对孩子的评价。目的之一是增强评价的合理性、客观性、公正性及整体性；目的之二是为了每一个学生的发展，为了学生的终生发展和更好发展。

（二）评价开放，主体多元

深圳实验学校以记录为纽带，利用网络的便捷，聚合学生身边的教育资源和相关要素，实现多角度、全方位的评价。

除了以往的班主任评价、自我评价、同学评价外，还将引入任课教师、社团指导老师、社会实践活动指导教师、学生家长和亲友的评价，多角度、立体化呈现学生的成长与发展。

（三）一流的系统软件与技术支持

1. 校园网升级。创建基于云计算的数字化校园，全面升级校园网。主要技术指标为：万兆核心、IPV6、无线全覆盖，完善云计算设计，建设私有云，实现云主机和云终端。

2. 五大平台同步上线。学生综合素养记录与评价、教育教学资源库、家校互动平台、学籍管理、教师在线同步上线。

3. SPSS的应用和实现。SPSS的基本功能包括数据管理、统计分析、图表分析、输出管理等。应用SPSS软件，可以节省时间，简化程序，方便操作。

4. e采集。实现课堂的同步互动功能，尤其是可以实现家长对孩子课堂学习的即时了解。

（四）描绘学生发展图谱，实施预测与跟踪

大数据环境下，实施云计算，运用有关教育测量技术，对差异性、相关性、分布状态、离中趋势进行分析和检验。重点对高中学生做出发展预测与跟踪，引领学生开展职业规划，做最好的自己。

（五）规定权限，良性发展

对数据"提交""修改""浏览""打印"设置不同权限，以便于学校、班主任、任课教师、指导教师、学生组织、学生本人、家长、社区等使用、提供信息或数据。学校通过授权，对全记录数据链进行科学管理，同时强化数据使用的积极价值。开放一定权限，教师以此了解教育对象的具体情况，采取更有针对性的教育教学策略，对学生给予符合实际的评价和奖励；学生以此加深对自我的认识，积聚正能量，增强上进心和自信心；家长以此了解孩子的成长现状，给孩子提供更适当的指导、帮助和保护。学校会加强后台监管，通过签订协议，建立家长、学生、教师三方保密原则，防止学生信息的外泄和不当使用。

二、走课——推出走班制，有序分层分类

目前，全国已有很多学校实行分层教学。深圳实验教育集团初中学段英语、数学学科实行分层教学已有多年，在科学课尚未分科之前，又尝试将分层教学推广到该学科。学校还根据学科特点和学生性别、学习程度的不同，在体育、艺术、信息技术等学科实行学生选课制。

学校于2012年制订的《深圳实验教育集团改革与发展行动计划（2012—2017）》中，明确提出整体构建面向学生个性化终身发展的课程体系，以7个领域的关键能力——语言交流能力、数学能力、科技探索与实践能力、数字化适应与学习能力、人际交往与履行公民职责的能力、创造能力、文字表达能力为指引，关注学生阅读素养、数学素养、科学素养和国际素养的提升。

1. 实现有序分层分类"走班"。走班制教学以初高中为主，在建立"课程超市"的基础上，实现三类走班制教学：一是各学段拓展课程、特色课程全面实行选修，学生网上选课，走班上课；二是国家课程的非考试科目实行走班上课，如小学阶段的音乐、美术、体育和科学，初中阶段的音乐、美术、体育、陶艺、形体，高中阶段的音乐欣赏、美术欣赏、通用技术、体育分项教学等；三是国家课程中的考试科目实行分层次、分模块走班教学，如初中学段的数学、英语及高中毕业会考科目，针对高考英语社会化考试的推出，制订英语分层、走班教学的相关方案。

2. 建立"课程超市"。学校现行课程体系，涵盖国家课程、拓展课程和特色课程。国家课程面向学生的基础能力，拓展课程面向学生个性化需求和特长发展，特色课程体现学校的办学优势。

学校现有拓展课程、特色课程120多门，但尚不能满足学生的个性化需求。学校将加大课程开发力度，提高校本课程比例，在高中阶段力争达到校本课程与国家课程数量趋同。

3. 实施"学分制"管理。完善高中学段"学分制"管理，并逐步向初中学段推广。制定操作性强、有时效性的学段学分制管理办法，改变过去一成不变的学习管理模式，强化自主学习、自主探究，鼓励合作、交流以及开展研究性学习，创新学习方式，打造富有活力的深圳实验学习文化。

4. 开展"全科教师制"的探索。在小学低年级开展"全科教师制"的试验，在小学高年级试点"专用教室"，探索包班制，创建特色班、素养班。

5. 密切跟踪各地走班动态。该放开的坚决放开，能走班的坚决走班，看准一个放开一个，但不盲目，不为走班而走班。同时，密切关注走班制推行后出现的新情况、新问题，如走班后教学的评价、教师的评价问题，学生的监护、管理问题，学习空间、场地的短缺问题等。科学管理，"走"而不乱。

三、教师循环——集团化办学方式下教师能量的最大释放

学校应整合教师资源。现在很多教育集团具有小学、初中、高中12年一贯制和名师聚集的办学优势，应充分利用并最大限度地释放名师效应，实行名师资源的整合和共享。同时，培养一批贯通中小学教育教学的专家型、全能型教师，为青年教师提供更好的成长舞台，以学段衔接为载体，向集团化办学的高质量和深层次方向推进。

1. 开辟优秀教师集团走课的"绿色通道"。发挥名师工作室主持人、优秀教师、学科带头人、中青年骨干教师的作用，以弥

补教师配置的不均衡和优秀教师资源利用不足，最大化、集约化实现名师资源共享。比如，一名语文教师在阅读指导上有专修，学校为其在各学部走课开辟特别通道，巡回举办相关讲座和示范教学。又比如，一名小学数学教师希望打通小学、初中甚至高中的数学教学通道，申请带班上初中，学校认可其专业素养和教学能力，允许其跟班上。逆向的流动则有高中到初中、初中到小学，探索高中、初中、小学教师循环、衔接的必要机制。

教师的循环，根据学部需求或个人意向，提出申请，由集团统配，学部负责落实，并同步做好相关课题研究，趋利避害，实现教师循环的畅通。

2. 实行部分教师跨学段教学。打通学段衔接的"回路"，如小学低段到高段，小学六年级到初一，初三到高一，在保持教师队伍相对稳定的前提下，开展学科骨干教师的跨学段流动。同时加强对学段衔接中教学目标、学生管理、心理辅导、教材教法、教学组织、考试评价等相关问题的专项研究，提出建议、报告或写出研究论文。

四、探求"钱学森之问"

"钱学森之问"的解答，要着眼于机制体制的创新，要打破人才成长的现有"框框"，更多地提供人才成长的自由度。

"偏才即天才"。对于基础教育，一方面强调基础，另一方面则是弥补过去对偏才生成长指导的不足。注重拔尖人才、资优生、特长生的培养，首要的是发现人才、挖掘潜质、善加栽培。

以深圳实验学校为例，学校为偏才生的发展提供了各种必要条件，搭建了特别通道和一流平台。

学校应充分利用办学资源，加大人才培养力度；对拔尖人才、资优生、特长生，实行统一管理、归口管理；注重高端引领，与高校和科研院所协作，参与其重点学科、实验室、重点科研基地、国际学术交流项目的研修和访学；制定科学有效的培养措施和激励机制，从制度上保证人才成长的良好内外环境，从资源上为人才成长提供充分条件。同时，还必须扩大视野（全球性、国际性）、参与竞争（竞赛、竞技），当然，首要的是脚踏实地、埋头苦干、孜孜不倦，付出艰苦的努力。

为拓宽拔尖人才、资优生、特长生的成长通道，创新人才成长模式，促进优才、专才的梯次"析出"，提高深圳实验学校人才的贡献率，学校组建了"两院""两中心"。

1. 深圳实验学校"两院""两中心"

"两院"即深圳实验学校学生人文学院、深圳实验学校学生科学院。

"两中心"即深圳实验学校数学教学研究中心、深圳实验学校特长生成长指导中心。

2. "两院""两中心"简介

（1）深圳实验学校学生人文学院

深圳实验学校将深圳实验诗社、雨霁文学社、实验戏剧社、学校交响乐团等核心社团纳入人文学院，统一管理，着力打造，培养一流的文学、戏剧、音乐、艺术拔尖生，提升学校形象和软实力。

深圳实验学校积极开展人文交流，举办公演、义演、展览会、社区服务；继续开发人文类的校本课程，组建学生社团；参与各级各类人文研究项目。学校不断夯实基础教育的人文基础，让人文教育成为学校健全学生人格教育的有力支持。同时，学校注重发现"可造"之才并善加栽培，鼓励人文类早慧少年超常发展，早出成果，产生了广泛的影响力和传播力。

（2）深圳实验学校学生科学院

科技教育是深圳实验学校除德育之外的另一项特色教育品牌。成立深圳实验学校学生科学院，意味着做强做大"深圳实验"的科技教育。

深圳实验学校学生科学院以原有的"科技活动中心"为龙头，将学校"机器人"项目做强做大，目标是不仅领先国内，还要达到国际一流水平。发挥"机器人"项目的辐射作用，推进科技新项目的建设，拓展涵盖物理、化学、生物、天文、地理等学科的系列品牌。

举措一：实施学生科学院"小院士"评选制度。

举措二：扶持中小学生专利发明、专利申请。

举措三：构筑科技教育三大支柱——科学素养与关键能力培养、科技课程与社团开发、科技综合实验室建设。

举措四：倾力打造一支实力强劲的科技教育队伍。形成一支高水平的科技教师骨干团队，规模接近50人。引进全国优秀科技专家、教师，全国优秀科技辅导员、教练员，基础教育信息技术学科专家组成员等。

举措五：组建科技教育工作群。由科技教育管理（班主任）、学科教师、外聘科技专家、家长科技志愿者组成，打造良性互动的科技教育人力资源环境。

举措六：优化科技教育运行模式。形成"校本课程＋科技活动中心＋科技社团"三大板块，相互促进，相互补充，共同提高。

①基础型、拓展型、研究型课程互为掎角，架设个性发展与特长培养的立交桥，构建科技教育课程体系。

②"真实创造"与"虚拟创造"并重，课外活动倒逼课堂教学，

实践活动与创新思维相结合。

③科技实践成果和优秀学业成绩共赢，培养学业成绩优秀、实践能力突出、在国内外各类科技竞赛中成绩卓著的优秀学生。

目前学校拥有科技类社团 27 个，其中小学部 7 个，初中部 8 个，中学部 7 个，高中部 5 个。学校将加大开发力度，发展新的科技类社团，力争达到 50 个。

（3）深圳实验学校数学教学研究中心

数学学科是深圳实验学校的传统优势学科，学校数学教育质量在全市乃至全省都处在领军地位。在新的时间节点，随着学校数学教学研究发展中心的成立，学校更加突出数学学科的优势地位，加大了对学生的培养力度。

举措一：进一步整合数学教育资源，扩展"数学实验室"（康达军领衔的市级实验室）的空间和功能。

举措二：建立入口灵活的数学偏才生的选拔，吸引具有数学发展潜质的优秀儿童、少年进入实验学校学习。

举措三：建立专门机构，对于数学偏才实行统一管理、归口管理，确保数学在教学、科研、管理、对外交流诸方面的优先发展地位。

举措四：提高省、市名师工作室的地位和引领作用，并挂牌推出校一级的数学名师工作室。

举措五：进一步厘清数学素养班的功能和培养目标，确保课程设置灵活，人员搭配优化，训练指导模式不断创新。

举措六：参与国内外数学竞赛、建模或数学项目，奖励取得优异成绩者。

（4）深圳实验学校特长生成长指导中心

小学部在全面贯彻国家教育方针的前提下，关注特长生的发现、发掘，做好特长生的早期开发与思维训练，有计划、有步骤、科学地实施特长生的跟踪培养。初中部在尊重差异的前提下，对学科分化提前的学生，因势利导，因"能"施教，实施特长生成长指导，以确保特长生得到优质的基础训练和导师跟踪培养。

特长生成长指导，小学打基础，初中蓄势，高中发力。高中将进一步做好数学特长生的对接、指导工作，利用数学实验室、建模、竞赛等平台，设计、定制适合数学特长生个性化发展的数学课程（选修课、研究性学习课程和大学专题模块）。为特长生的成长提供更好的机会，让他们参与全球性、国际性数学研究项目的交流和竞争（竞赛、竞技），使深圳实验学校的数学教育及特长生培养有新的亮点、新的突破。

第二节　在战"疫"中成长

2020年新年伊始，新冠肺炎疫情席卷全球。为了打赢这场战役，全国人民众志成城、共克时艰，最美的白衣天使逆行一线驰援武汉，最暖心的无名志愿者守护家园。疫情是灾难，也是一节人文素养课，讲述"我们"与"他们"的关系；还是一节敬畏自然课，讲述"我们"与万物的关系；更是一节家国情怀课，讲述"我们"与未来的关系。它让我们看到了祖国的强大、人民的团结。相信经历疫情的新一代，定能成为胸怀祖国的有为青年。

在接到广东省教育厅《关于全省各级各类学校学生自4月27日起分期、分批、错峰返校的通知》后，深圳实验学校在衰敬高校长的统筹领导下迅速行动起来，高中部率先制订返校工作方案和各项制度，积极储备抗疫物资，组织各级各类工作培训，开展疫情防控应急演练，为保障在校师生安全竭尽全力。

返校后，摆在学校面前的首要任务就是在做好疫情防控工作的同时有效开展"复学第一课"系列活动。高中部积极行动，重点上好了以下几堂课。

一、上好"中国抗疫方案"这堂课，把家国情怀厚植于心

各级党委和政府在以习近平同志为核心的党中央坚强领导下，把人民群众生命安全和身体健康放在第一位，充分发挥中国特色社会主义制度优势，紧紧依靠全国人民团结奋斗，坚定信心、同舟共济、科学防治、精准施策，抗击新冠肺炎疫情。

中国人民为世界防疫树立了典范，在中外疫情防控决策科学性、执行力的对比中凸显出我们的制度优势、强大的动员能力、雄厚的综合实力。中华儿女在疫情发生后发扬一方有难、八方支援的团结互助精神，各省市不断向武汉及其他地区派遣医疗队和输送救援物资，海外华人自发组织起来，以各种方式、通过各种渠道助力祖国抗击疫情，每个人尽己所能捐资捐物、"宅家"抗疫，充分展现了全国人民众志成城、共克时艰的凝聚力和向心力。

家国情怀是一个人对自己的国家和人民所表现出来的深情大爱，是对国家富强、人民幸福所展现出来的理想追求。经历疫情，我们更应该充满对我们伟大祖国的高度认同感、归属感、责任感和使命感，这是一种深层次的文化心理收获。

我们能够深切感受到集中力量办大事的国家制度和治理体系的优势，要增强"四个意识"，坚定"四个自信"，做到"两个维护"，更要坚定理想信念，学习先进典型，珍惜学习时光，练就过硬本领，锤炼实干精神，听党话跟党走，在中华民族伟大复兴的进程中实现自我价值。

二、上好"抗疫榜样"这堂课，把责任担当付诸于行

抗疫期间，一线医务工作者、人民解放军指战员、公安干警、基层干部、志愿者等抗击疫情的感人事迹历历在目。医务工作者救死扶伤、医者仁心的崇高精神，人民解放军指战员忠于党、忠于人民的政治品格，公安干警、基层干部坚守岗位、日夜值守的责任担当，志愿者真诚奉献、不辞辛劳的暖心故事、感人事迹，都是一种大爱与责任感。那种愿舍弃小我、连接生命大我的可贵品格，也是人类生命得以生生不息的最好保障。我们应该懂得"知责任者，大丈夫之始也；行责任者，大丈夫之终也"，责任和担当，乃是家国情怀的精髓所在。

三、上好"生命教育"这堂课，把生命原则根植于心

重返校园，我们更应该学会尊重生命、爱惜生命，更应该懂得生命的价值高于一切的道理。生命教育是一切教育的前提，每一个人应该在珍爱生命的同时，完整理解生命的意义，积极创造生命的价值；更要学会去关注、尊重、热爱他人的生命。任何知识的学习、素养的形成、人格的发展，都是为了使每一个个体的生命能实现其最大的潜能与价值。彼此间的尊重、理解、关心、爱护、帮助、支持，应是教育过程中应有的常态。将人的生命价值置于首位，但同时也要尊重和保护同在一片蓝天下的各种其他物种的生命，学会与自然万物和谐相处、共生发展。

四、上好"人生无常"这堂课，懂得世界不确定性原则，提升"逆商"

2003 年 SARS 病毒、2014 年埃博拉病毒、2019 年新型冠状病毒的暴发，都让我们认识到，成长的过程中不可能总是阳光灿

烂、一帆风顺，不可能一切都在我们的预料与掌控之中。这个世界充满着各种不确定性，会有鲜花和掌声，会有收获和成果，但也会有各种意外和突发事件，会有困难和失败。所有这些都是我们成长过程中不可避免的。当这些"意外""困难""失败"发生时，要学会沉着冷静，理性面对，尽最大可能找到合适的应对方法与策略。作为老师，要思考如何提升学生的"逆商"；作为学生，要思考如何培养自己抵抗、化解压力的人格力量和身处逆境却依然能够逆势生长、向阳而生的能力。

五、上好"同理心"这堂课，深刻认识人性与人类命运共同体

同理心是设身处地地对他人的情绪和情感的认知、把握与理解，主要体现在情绪自控、换位思考、倾听能力和表达尊重等与情商相关的方面。有同理心的人能够做到将心比心，设身处地地去感受和体谅别人，能从别人的表情、语气判断他人的情绪，说到听者想听，听到说者想说，能够与他人很好地相处，求同存异，得到双赢。

截至目前，新冠疫情仍在全球肆虐。经历疫情，我们在压力和焦虑中，也看到了太多的人生百态：有善良正直、无私奉献，超越小我、民族、国界的各种可敬可爱、可歌可泣的人物与场景，也耳闻目睹了种种狭隘、偏激、猜疑，甚至丧失人性的卑劣言行。

没有一个国家是孤岛，中国与世界从未像今天如此休戚相关地联系在一起。中国离不开世界，世界也不能没有中国。人类命运共同体不是我们的宣传口号，而是中国融入世界、全人类共同发展的真实写照与实际利益所在。在中国的疫情得到阶段性的控制后，我们的医疗专家组与抗疫物资源源不断地驰援各国，这就

是人类命运共同体的最好体现。我们应该懂得守望相助、共克时艰的相处之道，唯有坚守同理心与人性中的善良底线，将他人的命运与自身的利益融为一体，人类才能共渡难关，迎来希望。

第三节　做真实的教育，成就真实的教育成果

一、什么是"真实"？

电影《无问西东》中，曾任清华大学校长的梅贻琦说："什么是真实？你看到什么，听到什么，做什么，和谁在一起，有一种从心灵深处满溢出来的、不懊悔也不羞耻的平和与喜悦。"真实，就是忠于团队、忠于内心，发现自己心中所爱，齐心协力地共同追求。

深圳实验学校高中部是国家级示范性高中、广东省教学水平评估优秀学校、全国中小学教育数学研究实验基地、全国信息技术先进学校、全国创新研究实验学校、全国校园文学特长生培养基地。30 年来，学生高考成绩卓越，这里已成为教师从业的理想之地、学生求学的向往之地、教育追求的开垦之地、教育成果的辐射之地。

建校之初，凡是能进入深圳实验学校的老师，无一例外都是拥有"国优""部优""省优"证书的"特级""高级"教师。这些年来，我们的新生代教师，也都是国内"6+1"部属师范院校和清华大学、北京大学等顶尖综合性大学的优秀毕业生。多年以来的教育实践和成果表明，这里的教师队伍是一支学养深厚、爱岗敬业、教学精专、勇于创新，融现代教学理念和人文精神于一身的队伍，这是学校发展的动能之所在，构成了学校的核心竞

争力。

从中考来说，学校的中考录取线位居全市前列，直升考和自主招生选择的都是各初中学校的翘楚。30多年来，我们的毕业生不仅成绩优异，而且在日后的发展中兢兢业业、敢于担当，受到社会各界高度赞誉。可见，深圳实验学校就像一座真实而丰富的大金矿，为学生的发展和腾飞奠定了厚重的基础。

二、什么是"真实的教育"？

如何锻造一块人才金砖？学校最关注的是怎样在大金矿中提炼人才纯度。

提炼纯度的重要标志有三个，一是重点大学的升学率。现在的重点率／优投率超过了97%，提高到99%是我们的目标。二是培养出一大批学业成绩和综合能力优秀的同学，使他们进入顶尖大学深造，学校要为培养"创新拔尖人才"打基础。三是培养出"人格健全、学业进步、特长明显、和谐发展"，具有创新潜质，眼界开阔、胸怀宽广、积极向上、德智体美劳和谐发展的一群人。这是我们不懈的追求。

要提炼纯度，学校首先要明确"全面贯彻党的教育方针，落实立德树人根本任务，发展素质教育，推进教育公平，培养德智体美全面发展的社会主义建设者和接班人"的教育根本任务。要清醒、正确地认识高考：在对学生进行德智体美劳全面培养的教育体系中，在素质教育的推进过程中，高考非但没有被弱化，反而被赋予更光荣更艰巨的历史使命——引导素质教育、促进学生全面发展的指挥棒和改革龙头。高考加大对社会主义核心价值观的考查力度，积极引导学生树立正确价值观；强化对思维品质的考查，促使学生在思考的基础上将对价值观的认知内化；增加反映我国经济、政治、文化、社会、生态文明、科学技术等领域发展进步的内容，增加体现中华优秀传统文化、革命文化和社会主义先进文化的内容，促使学生增强"四个自信"。

要提炼纯度，学校要继续高举健全人格教育的大旗，这是教书育人的基础，也是法宝。必须坚定地把握和有效落实"三心三感三力——仁爱心、进取心、自信心；幸福感、价值感、责任感；自制力、耐受力、创造力"的培育和教养。始终坚持高效课堂的教学理念不动摇——体现在"教学容量饱满""作业精选量足""考试精准规范"三个方面。不懈追求课堂教学效率的最大化和教育效益的最优化，让学生在兴趣培养、习惯养成、学习能力、思维品质等诸多方面得到优质培育。

要提炼纯度，老师要坚定地做好"两全教育"，关注全体学生全面发展的教育。强调"两个不牺牲"。第一个是认真做好分层次教学，不以牺牲绝大多数学生获得优质教育为代价，去换取所谓金字塔尖少数学生的成功，强调教育的关注点是每一个学生的进步与发展。第二个是踏实做好全面育人，不以牺牲学生德智体美劳全面发展的教育为代价，片面追求考试成绩的优秀。在帮助、教育和激励同学们考上好大学的同时，也为同学们开启兴趣、开阔视野，为同学们在今后5年、10年、15年的发展着想，尽可能给予同学们内心成长最需要的阳光。

一直以来，学校的教育都以关注每一位学子的成长为己任，重视创新拔尖人才的培养，但不因考进清华、北大等高校的学生数量多而沾沾自喜，也不以少考了几个就妄自菲薄。学校高中部的师生以成为中华民族脊梁为追求，勤奋工作，努力学习，锐意进取，积极探索。在教育思想和行动上，学校注重人文与科学融汇、经典与现代并重、教师与学生敦睦、师生与校园和谐。一代代实验人孜孜不倦、踏实认真，每天进步一点点，努力提升自己的实力和综合素养。

一直以来，学校都追求有温度的教育，不放弃每一个孩子，努力成就每一个孩子，以谋求学生的长远发展为最大的功利。以最大的诚意，尽最大的努力，为同学开设丰富多彩的大型活动课程，开设门类齐全的校本选修课程，开展各具特色的学生社团活动。在同学们学习力最强、领悟力最强、吸收率最高的黄金时期，尽最大努力激发同学们的思想，开阔同学们的视野，使其了解更多、体验更多、思考更多，点燃同学们的思想火花、创新火种，激发他们不断进取的激情和认知世界的兴趣。这就是学校所坚持的"真实的教育"。

一届届毕业生走出学校，无论是在大学学习，还是走上工作岗位，很多都能够迅速成为翘楚。这是因为他们已经具有杰出的能力，在关键时刻清楚自己需要什么，知道该做什么、不该做什么。学校的教育为学生的人生发展奠定了坚实的、可持续发展的基础，为学生的人生注入了更多幸福的因子，这就是"真实的教育成果"。

三、怎样追求真实的教育和教育成果？

锻造一块人才金砖并不容易，学校有着不同的年级、不同的锻造姿势，要努力为学生打造持续攀登的梯线。以下以高中三年为例来说明。

高一阶段要平放。高一阶段整体上有一种过渡性特点，高一学生处于一个重要的变化时期，学生要以积极的态度适应高中的学习要求，适应选课分班所带来的变化，学会科学地自我定位，建立自信，掌握好高中的学习方法，进行自身控制力、优良学习习惯和精神品质的培养，为高中生活打好基础。

到了高二要横放。这一年是整个高中的中间阶段，部分学生可能出现疲倦期，有些冷漠和懈怠，但这一年又是每一个学生自我完善、自我管理的锻造期，是将来能够达到一定高度的关键期，每一个人都要进步和提升。相对高一阶段，学生中的分化现象将开始显现，各学科的均衡发展和综合能力的提升将十分重要。

到了高三要立放。这一年，学生们要将12年寒窗苦读的所有知识进行大汇总、大融合，编织成一个知识网络，形成一个知识系统，他们不仅课业负担繁重，考试频繁，而且压力之大、之广，也是从来没有经历过的。而高三的意义就在于学生能够承受全面的、系统的综合压力体系的考验，使自己快速成长，脱颖而出。每个人都会对成绩与成功有一种强烈的渴望，这种渴望鞭策和激励学生毫不畏惧地去克服一个个困难，争取更大的进步。高中三年披星戴月，学生们几乎做遍了全国各地的模拟卷，但当学生们如涅槃的凤凰一般腾空而起，触摸新的人生境界时，当初的"炼狱"已然变成"天堂"。在这个过程中，高考考的不是谁跑得快，而是谁能够踏实、稳健地到达，坦然地走向下一阶段的人生。

三年一盘棋，高考不是一蹴而就的事情，没有高一坚实的基础，没有高二的强力提升，就没有高三的突飞猛进。正如没有冬日树木的隐忍与蛰伏，就不会有春天的百花盛开。所以，高考是对高中三年的一次综合考量。每一位学生不论是在哪个学习阶段，都应该具有认认真真学习知识的精神、踏踏实实学习知识的态度、勤勤恳恳提升综合能力的意识、点点滴滴体悟成长的快乐，使自己性格开朗、心智聪慧、人格健全，这样坚实地走好每一步，那么取得优秀的高考成绩，也就顺理成章，水到渠成。

高中三年是一个人形成"三观"的重要时期，但高考只是人

生中的一个关键点而已。要教育学生，高考前后乃至一生都要有
"持之以恒"的生活态度，绝对不能有考完了事的心态。终身学
习是一个人一生的态度和课程，要始终绵绵用力，久久为功。

第二章

健全人格教育如何落地
——以深圳实验学校为例

作为深圳特区成立后由政府创办的第一所公办学校，深圳实验学校恪守"励精图治"的校训，以"健全人格教育"为宗旨，与深圳同发展、共成长。它于1985年建校，2003年成立教育集团。深圳实验学校现有在校学生11000多名，教职工1300多名。30多年来，深圳实验学校坚持实施以爱国主义教育为基础的健全人格教育，以培养有科学思想、人文精神的国家未来的主人为目标，发展成为一所小、初、高互相衔接，基础性、实验性、示范性为一体的现代化学校。

第一节　第一阶段：初创

1984年，41岁的金式如老师辞去上海名校副校长职务来到深圳，在一间不足6平方米的简陋筹备办公室里参与创办深圳实验学校。他强调，大至一个国家，小至一个单位，历史是其根，文化是其魂，因而我们总结历史，培育文化也可以说是根的建设和魂的建设。

建校之初，金式如校长就把"实施以爱国主义教育为基础的健全人格教育"作为办学思想，培育以崇高精神和现代气息为内涵的学校文化，建设深圳实验学校的特色课程文化，构建完整的学科课程、活动课程和隐形课程体系。

作为"全国普通教育整体改革实验研究"的三所实验学校之一，深圳实验学校在课程改革和课程建设方面取得了一些成就和经验。1994年《人民教育》杂志上发表了一篇题为《教育现代化的领先实验——记深圳实验学校整体改革实验》的长篇报道，引起全国关注。从 1991 年到 1997 年，几位党和政府的领导人先后到校视察，给了深圳实验学校极大的支持和鼓舞。

1986 年小学部落成，1987 年中学部建成，连同后来划归国资委的幼儿部，深圳实验学校在不同学段探索推进"人格健全、学业进步、特长明显、和谐发展"的育人目标，遵循知、情、意、行和价值观统一模式，开展各学段既有所侧重又注重整体衔接的养成教育、情绪教育、礼仪教育、爱的教育和心理教育，使学生具备三心（仁爱心、进取心、自信心）、三感（幸福感、价值感、责任感）、三力（自制力、耐受力、创造力）的九大核心素养。学校先后获评广东省一级学校、广东省首批"书香校园"、深圳市创意教育十佳示范学校、全国自主教育十佳示范校。

深圳实验学校成立之初，正值哈雷彗星回归，学校克服经费困难，购买了一台日本产的望远镜，与中国科学院南京天文仪器研究制造中心在中学部联合建造天文台，选址在教学大楼西立面的正中对称轴线上，给了好奇于宇宙之浩瀚、感叹于星空之美丽的学子们一个高端平台。后来学校组织学生赴非洲津巴布韦观测 21 世纪初的第一个日全食，《天文爱好者》杂志还选取了师生拍摄的日全食照片，组成奥运五环的图像，庆祝北京申奥成功。

20 世纪 90 年代，深圳实验学校率先在深圳引入世界领先的 STS（科学、技术、社会）教育，并推出 3 门 STS 课程，后发展成为广东省首批青少年科学教育特色学校、全国青少年科技活动先进集体和中国少年科学院科普基地。同时还把牙科诊所开进校园，是深圳首个把保护学生的牙齿、眼睛等作为学校教育重点的学校。数据显示，学校学生的龋齿率从 1993 年的 87.8% 下降到 2004 年的 32.6%，龋齿均数从 1993 年的 4.4 个下降到 2004 年的 0.7 个，是全市学校中最低的。

1995 年，时任全国人大常委会副委员长的费孝通来学校视察。在参观陶艺教学时，他题词"千方百计培育幼苗为国为民作出贡献的人才是人生的一件乐事"与教师共勉。作为深圳实验学校的发祥地，中学部校园也成为 20 世纪 90 年代风靡全国的校园小说《花季雨季》改编的电视剧的拍摄地，承载着一群深圳少年明丽清新的青春气息和昂扬奋进的时代精神。

1996 年，深圳实验学校启动高中学段的井冈山社会实践活动，开展革命传统教育，成为学校"健全人格教育"的重要组成部分。井冈山社会实践活动开展至今已经 24 个年头，通过感受一次革命传统教育、捐赠一本好书、举行一次升旗仪式、上一节"下七"班会课、进行一次社团展示、为老乡做一顿晚饭、进行一次有强度的农业劳动、为农家孩子进行一次学习辅导、参加一场拉练、写一篇调查报告的"十个一"活动，引领师生不忘初心，牢记使命，传承革命先烈精神，根植努力成为中华民族脊梁的理想信念。曾获得全国"五个一工程"奖等奖项的电影《我们手拉手》就是根据深圳实验学校与井冈山下七中学的学生们在"手拉手"互助活动中发生的真实故事创作而成的。

1998 年，深圳实验学校合并华强中学，创建初中部。以"爱的教育"为主旋律，积极探索"特长 + 素养"培养模式，以"新理念、新课程、新课堂、新技术"教学展示活动为抓手，深入推进"有效教学"，从课程创新、教法探索、手段优化、评价改进等方面深化教学改革，并顺利通过广东省一级学校评估，获评广东省青少年科学教育特色学校、广东省德育示范学校、广东省航天航空模型特色学校和广东省首批"全国优秀家长学校实验基地"。

2003年，经深圳市教育局批准，深圳实验教育集团成立。教育集团依托深圳实验学校的品牌，构建拓展平台，实现规模扩张，培育理念新、体制活、效益好、有示范性的学校群体，扩大优质教育资源，满足人民群众的需要。同时，以基础教育为核心层，其他各类教育为生长点，发展与教育相关的配套体系，促进共同发展，为深圳市建设教育强市和学习型城市，在基础教育领域先行试验、探索经验。

随后，深圳实验教育集团幼教中心成立，依托集团的平台资源共享和优势互补，迅速发展出横跨深圳市5个区的5所幼儿园，其中3所被评为"广东省一级幼儿园"，1所被评为广东省"指南"实验园，多家被评为"深圳市一级幼儿园""深圳市优质特色示范幼儿园"和"深圳市优质办学幼儿园"，形成集幼儿教育教学、科研、教师培训于一体的大型幼教中心。

2007年，深圳实验学校学生交响乐团在首届"至高荣耀"维也纳国际青少年音乐节交响乐团比赛中荣获第一名，这是深圳市学生交响乐团第一次参加国际性音乐比赛，也是中国非专业中学生乐团在金色大厅的首次演奏。现场近百名欧洲听众和专业评委起立长时间鼓掌，组委会向深圳孩子展示了维也纳市长的亲笔感谢信。市长在信中表示："真诚感谢来自中国深圳的客人们，感谢深圳的孩子们为维也纳人民带来了美好的音乐享受！"此后乐团多次荣获全国中小学生艺术展演一等奖，并应邀赴澳大利亚、法国、韩国等国家演出交流。

此外，北京人艺《雷雨》剧组、中央芭蕾舞团、中国歌剧舞剧院、《钢铁是怎样炼成的》剧组、全球脑库论坛、南极科学考察报告会、国家男子乒乓球队、著名作家曹文轩、童话大王郑渊洁、经济学家厉以宁、中科院院士严陆光、社科院研究员白烨、中国台湾作家林清玄、电影表演艺术家于蓝、摄影家吕厚民、儿童文学作家金波、《走向复兴》词作者李维福、诺贝尔奖获得者詹姆斯·沃森、"中国登山第一人"张梁……都曾莅临深圳实验学校，为学校健全人格教育助力。

第二节 第二阶段：健全

2007 年，曾任湖北省黄冈中学校长、黄冈市教委主任兼党组书记的曹衍清同志受命出任深圳实验学校第二任校长。他说："我们培养的学生，在学校应该是一名好学生，将来在工作岗位上应该是一名好员工，走向社会以后应该是一名好公民。"

这一阶段，学校提出了新三好、三大发展战略、四大品牌特色、学生培养目标、四项专题实验、双轮驱动等一系列传承创新的理念，以"跳出实验看实验"的视野，鼓舞学校再向前，再攀高峰。

2007 年，原深圳实验学校国际部校舍收归国有，更名高中部。

多年来，深圳实验学校高中部重视教育科研引领，依托省市名师工作室主持人、专家教师团队，通过国家、省市、校部教研交流等途径，引领教师专业发展，促进学生成长进步，现已发展成为国家级示范性高中、广东省教学水平评估优秀学校。2013 年高考重点率达到 88.07%，取得重点率广东省第一的成绩。2015 年高考重点率 90.15%，成为深圳市高考重点率首次突破 90% 的学校。近 5 年，高中部有超过 50 名同学被清华大学、北京大学、香港大学等国内顶级名校录取，近 100 人被剑桥大学、牛津大学、哈佛大学、斯坦福大学、耶鲁大学等国外高校录取。

深圳实验学校的高升学率体现着人民的需求和认可，但对于深圳实验学校来说，仅有高升学率是不够的。学校针对小学、初中、高中三个学段，在课程理念、课程设置、课程管理三个方面不断探索，形成"健全人格教育一个中心，学生终身可持续发展、教师团队专业发展两个方向，人文素养、科学精神、实践创新三个领域，教育教学方式改进、评价方式跟进、质量和效益推进、课程愿景促进四个着力点，基础学科课程板块、特长发展课程、人文综合课程、校园文化课程、家校共营课程五个板块"为构成要素的素质教育课程体系，尤其是对健全人格教育的传承和发展，注重"三节一周"（科技节、文化艺术节、体育节、社会实践周）活动的教育性、自主性。这一个个平台体现了独具匠心、惠及学生、提升人格水平的特色，是学生展示自我、挥洒青春、释放激情的绚丽舞台，让深圳实验学校教育改革在注重内涵和质量的关键时期再次站到了前沿。

2009年，曹衍清校长荣获"首届全国教育改革创新杰出校长奖"，并在颁奖典礼暨中国教育创新论坛上发表健全人格教育主题演讲，更鲜明地提出"人格是最高学位""着眼于为十年后的社会培养人才"等办学思想，标志着学校健全人格教育体系的成熟。

这一年，深圳实验学校第25届田径运动会开幕式在深圳体育场隆重举行，展示了我校健全人格教育的丰硕成果和师生们健康、阳光的精神风貌，通过深圳大运口号、大运旗帜表达出浓浓的大运情怀，近两万人参加了这场盛况空前的运动会。专程来深的国际大体联第一副主席克劳德·噶里恩先生也坐在主席台上，他边欣赏边用笔写下了"体育是教育的重要组成部分"这样一行字。看到深圳实验学校学生在运动会上的精神风貌，他相信深圳已经做好2011年举办世界大运会的充分准备。

2010 年，高中部入围北京大学、香港大学、香港科技大学等高校的中学校长实名推荐制名单，成为国内"C9 联盟"高校、双一流大学等的优质生源基地。这些顶尖高等大学希望克服传统教育"一考定终生"的弊端，推进素质教育和综合素质全面、学科成绩突出、志向远大、具备发展潜能、社会责任感强的创新人才培养，这一初衷与深圳实验学校健全人格教育的培养目标不谋而合。

2011 年，深圳实验学校从小学到高中的 500 多名学生乘坐"实验号"大运专列，历时 13 天，纵横约 8000 公里，跨越大半个中国，深入西北、华北 5 个城市开展社会实践活动，与当地少数民族学校和贫困地区学校学生开展"手拉手"系列活动，宣传大运会精神，践行低碳环保理念，为深圳第 26 届世界大学生夏季运动会造势。

2011 年底，深圳实验教育集团在深圳湾体育场"春茧"举办"相约深圳湾"新年联欢会，曾奏响维也纳金色大厅的实验学校交响乐团、被誉为艺术童星的黄嘉琪（豆豆）、才艺冠群的校园师生艺术达人等都参加了联欢会。多才多艺的师生们用歌舞、诗朗诵、达人秀等表演将深圳实验学校素质教育的硕果呈现给现场一万多名观众。

第三节　第三阶段：扬帆

2014 年，曾任罗湖区教育局副局长、荣获首届"广东省名校长"的衷敬高同志接任深圳实验学校校长。他说，实验人用"人格"成就大器，用"课程"铸造辉煌，用"文化"谱写诗篇。

为破解当今学生成长、教师发展、学校建设遭遇的瓶颈和困局，衷敬高校长明确提出精神文化高地建设、素质教育高地建设、课程建设高地建设、社会影响力高地建设的"四大高地建设"理念，推动建立大数据背景下的学生成长全记录系统，推动学生健康成长，深化课程改革，实现学部教师交流基础上的有序循环，创建新的育人模式，回应钱学森发出的世纪之问；探索成立深圳实验学校学生人文学院、学生科学院、数学教学研究中心、特长生成长指导中心。

这一年，小学部率先推出在全国具有开创意义的全科教育，尝试打破学科壁垒，集数理、人文、自然于一体，融艺术、表达、情绪体验于其中，充分体现教师在课程改革与建设中的主动性、自主性，赋予教师更多的课程建设权、整合权，对孩子进行全方位的熏陶和滋养。我校举办面向全国的"深圳之约"暨深圳好课程系列观摩活动，在全国率先提出"课程人治理结构"理念；举办"深圳之春"课程与课堂展示观摩活动，亮出"刷新童年全科课程观"；举办"深圳之声"珠三角名校行活动；发布《深圳实验学校小学部健全人格完型教育》蓝皮书，在办学思想和教育理论方面为全国基础教育界做出突出贡献。

这一时期，教育部等 6 部门印发《关于加快发展青少年校园足球的实施意见》，校园足球进入"2.0 时代"。2015 年，深圳实验学校与深圳市足协、深圳市文体旅游局足管中心签署协议，共建"深圳市青少年足球人才培养基地"，校足球队先后获得"市长杯"校园足球比赛冠军，广东省"省长杯"比赛冠军，"谁是球王"全国争霸赛季军，全国青少年足球锦标赛 U13、U14 冠军，以及"闽粤港澳"埠际足球赛冠军等一系列荣誉。一批同学被清华大学、北京大学等国内一流高校录取。深圳实验学校青少年（校园）足球俱乐部成为 2018 年中国足协 U13–U17 男子青少年国家集训队蓝队，成为唯一一支来自教育系统的校园球队。

2017 年，为响应深圳"东进战略"，落实深圳市委、市政府关于加快提升坂田片区教育配套服务水平的要求，深圳实验学校接管了位于龙岗区颈坳路 99 号的坂田新城学校，成立坂田部。学校调研工作组进行了 3 个月的细致调研，听课 165 节次，谈话和座谈 83 人次，召开调研工作会 8 次，参加主题活动 5 次，获得了大量一手资料。短短两年半时间，坂田校区已成为利用集团化办学优势，以多种形式扩大和延伸优质教育资源的典范。

与此同时，实验幼教中心依托实验品牌，以名园长工作室、督学工作室为特色，创新开发并正式出版了富有实验特色的《让儿童的游戏回归本真》10 本系列图书，举行了盛大的"首届粤港澳大湾区课程游戏化论坛暨'共生课程探索与实践丛书'新书发布会"。在中国教育创新成果公益博览会上，幼教中心做了"课程改革的深圳实验路径——共享区域活动"专题分享，引起了较大反响。"共生课程"已成为业界推崇的创新课程和特色游戏活动。

2018 年 3 月，深圳实验学校正式接手位于光明区牛山路 768 号、还处于施工建设中的原"深圳市第十高级中学"，更名为"深圳实验学校光明部"。深圳实验学校优质教育资源走进光明部这片创业热土，引领着深圳基础教育领域综合改革走向深入。光明部开办仅一年，中考录取分数线就大幅提升 13 分，位列全市同类学校第 15 名。

2019 年，深圳实验学校与深圳市光明区教育局签署合作办学协议，合作共建深圳实验光明学校，着力打造光明区教育品牌。这所九年一贯制的崭新学校是光明区打造的区域教育高地，在抽签决定生源的背景下，经过短短半年时间，就在光明区初一年级期末统考中，获得了全部 5 个学科全区第一名的优异成绩。

与此同时，依照衷敬高校长"两院两中心"战略规划，深圳实验学校学生科学院和学生人文学院相继成立，进一步完善了"三位一体"的核心素养校本课程体系、"三节一周"的健全人格活动课程体系、"两院两中心"的创新拔尖人才培养体系的三大课程体系，凸显了素质教育理念和核心素养培养目标。学校聘请著名高校、科研院所多达百人的校外客座教授、荣誉教师团队共同开设生涯规划、人文社科、自然探索、工程技术、体育运动、公益慈善及"创新人才培养实验"等方面100多门讲座和课程。学校连续5年摘得RoboCup青少年机器人世界杯冠军，多次获评"全国文学特长生培养基地""全国文学教育先进单位""全国信息技术先进学校"等荣誉。中国社科院白烨研究员表示，实验学校"两院"的建立在深圳乃至全国人文素质教育中具有标杆意义。

新形势下，为适应广东省新高考改革，以及全国一流高校，特别是清华大学、北京大学在拔尖创新人才选拔上的新要求，深圳实验学校高中学段全面启动选科走班教学机制，高中部创建五大学科竞赛体系，聘请北京大学和清华大学的国际奥赛金牌选手和国家集训队成员，与本校师资共同组成竞赛教练团队。依托数学教育省级名师工作室，通过考试数据分析与科学评价，在激励与反思中推进"教""考""研""学""练"，有效服务教学，做到科学研判、精确指导、稳步推行，力争在新高考改革路上再创辉煌。

35年间，从深圳实验学校走出了参加国际科学与工程大奖赛并获奖的马启程，提名全球环境500佳青少年称号、被列入世界女性领袖人物培养计划的容忆，全球杰出华裔青年、康奈尔大学以她的名字设立基金会的邱添添，国家环境保护专业技术领军人才、云洲智能科技创始人张云飞，亚洲电影大奖最佳新导演奖、都柏林电影节影评人奖最佳剧本奖得主白雪，国家级中青年科技创新领军人才王铭钰，在联合国可持续发展世界首脑会议上发言、通过"神舟"四号天地语音系统向全国人民拜年的廖茗钰，被 17 所美国著名学府同时录取的斯坦福大学博士傅韵霏，"澳门小姐"冠军李若滢、"中华小姐环球大赛"法国赛区冠军王蕴媞，"诺贝尔奖风向标"的斯隆奖得主姚珧等一大批优秀校友。

21 世纪是知识经济、全球化、信息化的时代，互联网大数据时代已经来临。教育是国之大计，对提高人民综合素质、促进人的全面发展、增强中华民族创新创造活力、实现中华民族伟大复兴具有决定性意义。可以说，建设教育强国是中华民族伟大复兴的基础工程。深圳建设中国特色社会主义先行示范区着力教育攻坚战，要抓住重大历史机遇，积极改革创新，塑造教育现代化新体系。在时代的浪潮之巅，如何在"基础性""实验性""现代性"的三维目标中定位深圳实验学校"健全人格教育"的坐标？我们的目标不仅是让实验学子考上一所好大学，而且是让他们在未来的世界里、在人类命运共同体中，既懂得竞争又懂得合作，既有全球视野又具家国情怀，成为有科学思想和人文精神的国家未来主人，成为缔造文明世界的新生力量。这是 21 世纪中国教育改革的工作重心，也是深圳实验学校教育现代化的核心使命。

实践篇

第三章

健全人格教育理念的整体阐释

第一节 三十三年，初心不改的坚守

我是深圳实验学校高中历史老师徐怡华，从教 33 年，做了 26 年班主任，到 2020 年已 54 岁的我仍坚守在班主任的岗位上。我任教的历届高三毕业班，学科成绩和班级重点率都稳居全市前茅，也曾带出深圳市、广东省历史单科状元。学生亲切地称呼我"华姐"，在学生自主选择心灵导师的时候，我教的班级 75% 的学生选择了我。在 2012 年深圳市"我最喜爱的老师"评选活动中，评委会给我的颁奖词是："她是个魅力老师，上课是快乐的，作业是有趣的，考试是期盼着的，成长是自然的。"2019 年，我荣获全国优秀教师称号。

一、坚守，源于爱

我一直坚守着一份对教育的热情，把自己最美好的时光、最淳朴的爱，播洒在每一个学生的心田。

"让每个孩子怀有梦想，让每个集体成为传奇"是我的带班目标。我的班主任工作有四个自创的"一"：

每周一次"心语"——与班里每个同学在"心语本"里谈心；

每周一封电子邮件（家长微信群的"周末班主任提示"）——让家长及时了解学校、班级、学生的情况；

每月一封"家校信"——家、校间的互动书信，学生是"信使"；

每月一次"家校课"——让家长走进课堂，让学生了解社会。

我常对孩子们说："你们遇到烦心事，一定要来找我。因为我比你的同龄人更有经验，比你的父母更有办法，我恪守'江湖道义'，知道什么该说，什么不该说。所以，有困难，找华姐！"面对高中生多数不愿或怯于直面老师的情况，我搭建了一个平台——"心语本"，每周与同学们在"心语本"里谈心，阅读他们的"酸甜苦辣"，解答他们的"疑难杂事"。因为是心与心的交流，我绝不用象征权威的红笔在本子上回话，蓝、黑是师生间"心语"的颜色。每周的"心语"让我及时了解了全班同学的心理动态，帮助学生构建着健康平衡的内心世界。

我曾说："每周阅读、回复每位学生的'心语'，会占用大量时间，但真的很幸福，因为'心语'里的每句话都是同学们对我的信任与肯定。"

33年，1000多周，周周"心语"，这份坚守，源于爱。

二、坚守，行于真

"千教万教教人求真，千学万学学做真人。"我在追求"真善美"的过程中，逐渐形成了具有"华姐"烙印的育人模式和课堂风格。

我喜欢真诚地面对学生。"每个孩子都有属于自己的人生"，在我眼里没有"优生""后进生"的区分，只有各种能力不一样的学生。"一个都不能少""让每个学生走向成功"，是我执着的追求。

有人说，徐老师是个充满生命张力、眼睛会发光的老师。我说："我是教历史的，我希望学生看到我就能想到很多历史故事，故事会滋养人。老师也是一个教育资源，老师在讲台上的一举手一投足、一颦一笑都是教育。教育应该以文化育人，是一个缓慢过程。教育的过程就是老师与学生共同经历的一段生命历程，老师陪伴学生走一段，离开了老师，学生能够走得更好。"所以，学生们都喜欢我的课堂。

他们说，徐老师的课堂是安全的课堂。没有强制，只有自动和自发；没有控制，只有引导和激励；没有挖苦，只有鼓励和抚慰；没有训斥，只有暖风和细雨；没有放弃，只有选择和坚持；没有排斥，只有友爱和互助。

他们说，徐老师的课堂是快乐的课堂。学生亲其师、信其道、爱其智、乐其教，课堂气氛积极向上，充满生命活力。

他们说，徐老师的课堂是生长的课堂。"课堂上能听到竹子拔节的声音！"不仅是知识上有收获，而且在思维上、品德上也有提升，更重要的是能让学生对课堂、对生活乃至对未来的人生有感悟。

他们说，徐老师的课堂还是"融错"的课堂。我总结了"融错"三步骤，第一步：容错，容忍、包容错误，错就是错；第二步：融错，将差错融化为教学资源，错不是错；第三步：荣错，出错是荣幸，是磨炼，错还是错。课堂上给孩子犯错的自由，也就给了他成长的自由。学生学到的不仅是知识，更是方法、态度，教给他们怎样直面错误，超越错误，由此也培养了他们的创新人格。

2020年疫情网课期间，我的班级同学或因疫情、或因不适应网课学习和期中网考压力，心态集体失控，做出了对老师"网暴"这一极为失智的举动。我尽力平静而机智地处理了事件，化解了危机。我曾说："因为我是孩子们精神成长的模板，我怎么样，会极大地影响着孩子们的'精神长相'——当我面对公共事件主动担当时，我的孩子们也会默默树立社会责任感；当我建立起内心的秩序，镇静从容时，我的孩子们也会临事沉静；当我面对纷繁信息进行对比甄别并做出自己的独立判断时，我的孩子们也会学着独立思考……"

"当学生毕业后，特别是不再以历史学习与研究为其职业的时候，以往的历史学习给他留下的思维品质、能力、情感、态度、价值观，能够使他终生受用，并能够带给他成功的人生。"——这是我在每届高考一轮复习导言课PPT上展示的一段话，也是我作为一名高中历史教师33年初心不改的职业追求。

三、坚守，成于守

事业常成于坚守。坚守教育的真谛，方能穿过物欲喧嚣，走向精神富足的透彻人生。

1991年元月，正在开会的我突然腹部剧痛，从进医院到躺在手术台上前后不过30分钟，医生诊断是黄体破裂引发的大出血。黄体破裂这种疾病会定期发作，因此我每隔3年必进医院被"修理"一次。经历了3次大出血的折磨后，我发现了其中的规律。此后每3年一届的班级，我都会给学生上两节关乎生命的主题班会课。我将隐去了我姓名的病例印发给学生，布置一项周末作业：通过查阅网络、书籍，咨询专业人士，给这位患者提出治疗建议。每届学生都会拿出一致意见：切除卵巢！我说："在切除卵巢和定期破裂之间，这位患者选择了后者。因为她渴望保持女性美丽的性征。她说她无法改变基因，但可以提升体质，为了能在破裂再次发生的时候，自己能有足够的体力支撑到医院，让自己尽快康复，她每天都坚持跑步、练瑜伽。"聪明的学生立刻明白了……

因为事先有交代，当我再次入院的时候，学生们并不担忧，他们懂得应该像徐老师那样认真对待自己的一切，更加严格地要求自己。

2011年春天，我患了丙肝。医生判断是1991年的那次术中输血感染的。面对病痛，我却说："我收到了一份意外的礼物。"

我开始接受为期 56 周、俗称"小化疗"的干扰素治疗。每周一次的干扰素治疗，使我的白细胞仅有正常人的 20% 左右。

我没有接受学校停课休息的建议。整整一年，我在学生的搀扶下一步步挪上 5 楼，走进教室。我说："文科班组建的第一天我就跟孩子们说，我会陪伴他们走完高三。"带两个毕业班、培优、答疑、晚值班，所有健康人该做的，我一样也没落下。我对大家说："不要把我的行为解读为'带病坚持工作'，我的选择叫'因病移情工作'。是孩子们信任的目光、'我们一起加油'的鼓励、开怀的笑声、风雨无阻的搀扶，陪伴着我走出那段灰色的日子。"

在长达 56 周的时间里，我用行动诠释着什么叫坚守，用行动实践着对学生的承诺。这对于高三的学生来说无疑是最好的支持与鼓励！

人生不会一帆风顺，唯一可做的就是坚守。当各种荣誉相继而至时，我依然甘之如饴地奔波在三尺讲台前，我已经把关爱变成了一种习惯，把奉献变成了一种享受，而坚守也变成了我的一种幸福。

第二节　让每个孩子怀有梦想，让每个集体成为传奇

在我的班主任工作文档里，有这样一段置顶的话：

一位从纳粹集中营中逃脱的幸存者，战后做了一所中学的校长。每当有新老师来到学校，他都会交给新老师一封信，信中这样写道："亲爱的老师，我是一名纳粹集中营中的幸存者，我亲眼看到了人类不应当见到的情景：毒气室由学有

专长的工程师建造，儿童被学识渊博的医生毒死，幼儿被训练有素的护士杀害，妇女和婴儿被受到高中或大学教育的士兵枪杀。看到这一切，我疑惑了：教育究竟是为了什么？我的请求是：请你帮助学生成长为具有人性的人。你们的努力绝对不应当被用于创造学识渊博的怪物、多才多艺的变态狂、受过高等教育的屠夫。只有在使我们的孩子具有人性的情况下，读写算的能力才有其价值……"

因为置顶，所以经常会阅读和品味这段话，我也由此形成了这样的理解：人格健全是最高的学位。所以"让每个孩子怀有梦想，让每个集体成为传奇"是我的班主任工作目标。我的班主任工作试图强化学生对生命和人生价值的思考，唤醒学生的道德和人性，使他们形成一些终身受益的精神品质。

一、人生规划——点亮学生的心灯

高中阶段是学生心理上的"断乳期"、世界观的形成期、个性发展的定型期、成长过程中最后的动荡期。这样一个人生成长的关键时期，作为班主任，如果能够帮助他们点亮一盏心灯，为他们指引航向，使他们更加宏观、全面地看待自身的优势与不足，更早地养成自我教育、自我设计的意识，会使他们更加全面、更加健康地成长。

在我的班级里，每个学生都有一份人生规划、一份三年学习计划。通过三年循环上升的系列班会，如"两个马屁股——迈好历史第一步""梦想·成真""如果兔子奔跑，乌龟怎么办——高三的日清单"等主题班会，学生自觉地将高中阶段的学习与个人的长远人生规划联系起来，在高效完成高中学段学习任务的同时培养认识自我、设计自我、调控自我、评估自我的能力。

引导学生规划人生，不仅可以让学生怀有梦想，明确目标，磨炼毅力，而且会提升他们的自信。这样的自信，不是简单地告诉自己"我能行"，而是知道自己的优势，坦然承认自己和别人的差距，让学生在超越自我中获得成功的喜悦。

我经常对学生说一句话："你优秀，是因为你认为自己优秀。"学生的自我意识、自我心理定位，会长远地影响他的人生。

二、"心语"心事——关注学生的内心世界

为了解决高中阶段的学生多数不愿或怯于直面老师的问题，我创建了一个平台——"心语本"，每周与同学们在"心语本"里谈心。

我试图关注每一个学生，对他们的"心语心事"给出及时的反馈，做出积极的引导。一些引导可能是私密的，仅针对"心语"的主人；一些引导也可能成为班会的话题，因为针对的是具有普遍性的问题。

"心语"，让我及时了解了全班同学的心理动态，是班主任心育工作的重要信息来源，也是我们师生间的重要情感纽带。通过"心语"，我贴近了学生，帮助学生构建了健康、平和的内心世界。

三、"心育班会"——促进学生健全发展

班会是班级德育工作的重要阵地，我将班会称为"心育班会"，我希望通过班会提高学生的心理素质，培养让学生终身受益的精神品质，促进学生的健全发展。

根据高中3年不同的学业特征，以及普遍困扰学生的问题，

我为高中三年的班会分设了六大主题：

（一）学海适应。主要针对高一入学及选科分班后新组建的班级。心育目标：帮助学生尽快调整自我定位，掌握高中阶段的学习特点和学习方法，增强入学适应性。如举办"迈好高中／历史第一步""规则——自由的基石""学法路径"等主题班会。

（二）人间情谊。主要针对新组建的班级。心育目标：开展比较深入的人际关系辅导，使学生适应住校后相对复杂的人际环境，如举办"我与你""睡在我上铺的兄弟""竞争·合作"等主题班会；举办感恩父母的系列活动等。

（三）青春恋歌。开展比较深入的青春期教育，主要在高一和高二进行。心育目标：培养学生正确的爱情观，引导他们理解爱情、婚姻的责任。如举办"谈谈情·说说爱""守望幸福""三行情诗"等主题班会。

（四）自我悦纳。贯穿于高中三年，以高二上学期为主。心育目标：开展比较深入的自我意识辅导，引导学生更好地认识自我、悦纳自我，能有效地调控自己的情绪。如举办"发现自己""缺失与圆满""心动·行动""今天你笑了吗？"等主题班会。

（五）公民社会。高二、高三进行，以高三上学期为主。心育目标：进行公民教育，带领学生认识社会，引导学生思考并规划自己的学业、事业和人生。比如，在每次班会前设置由宿舍4人共同主持播报的5—8分钟"一周时事点评"，每月特邀班里学生家长、往届学生参加"社会·职业"家校课，邀请区委书记、政协委员讲"两会"，邀请医生、记者、警察讲职业，带学生学插花、学急救、学茶道等，以及举办"丧钟为谁而鸣""铁饭碗"等系列主题班会。

（六）备战高考。在高三进行，以高三下学期为主。心育目标：抓好考前心理调适，适应、控制考前焦虑。比如，在"幸福的高三"主题班会上，我给同学们上瑜伽课，创作"考试经"，编写幽默班歌《不怕不怕》，欣赏"布洛克与教练——加油"视频；举办高中最后一个班会"祝福"，让学生用"既然无法改变它，就愉快地接受它"的心态面对高考。

我努力通过高中3年的六大班会主题活动，将班会打造成培养学生情商的系统工程，促进学生人格的健全发展。

四、激情、赏识——激发学生的自信

深圳实验学校高中部会聚了很多优秀学生，但优秀的团队也会给新同学带来心理压力：有些学生初中的成绩常年在年级名列前茅，进入我校高中部后可能再也无法获得这样的名次。于是许多同学出现了焦虑、自卑情绪，进而渐渐失去自信。

针对这种现象，我常常向他们展现我的"自信"，甚至是自负，用我心中的阳光去感染他们，引导他们。偶尔的自吹自擂，不仅能把学生的耳朵"叫醒"，还能给枯燥的教育教学内容以乐趣。因为富有激情和自信的老师能带出同样有激情和自信的学生，这是一种魅力的感染。

我"发明"了三种"班级化掌声"：一种用来赞美别人，一种用来赞美自己，一种用来"赞美"课堂上的错误。一段精彩的发言、一项完美的创意、一次默默的奉献、一个能融化为教学资源的错误等，都会引起节奏独特的掌声。为别人鼓掌，别人的长处不再是对自己的压力，而是可以欣赏的风景；为自己鼓掌，自己不再是成功者的陪衬，而是成为自信的主角；为错误鼓掌，课堂上的错误不再是丢人、献丑，而是对同学们学习的提示和唤醒，

是对班级学习的贡献。

在我的班里，每个学年的上学期，同学们都要评选"班级之最"。全班同学每个人都是班里独一无二的"最"：学习最好的、最有爱的、跑得最快的，歌神、书圣、教（觉）皇……因为是"最"，所以，每位同学都是我们班级大家庭中不可或缺的宝贝。我想通过这样的评选来提升同学们的归属感，提升同学们的自信心。

每个学年末，班里每位学生都要为其他同学填写"优点卡"，同时每位学生都会收到一大摞来自其他同学填写的"优点卡"。大家在填写"优点卡"的过程中欣赏别人，在阅读"优点卡"的过程中肯定自己。在观察别人优点的时候，不自觉中矫正着自己的行为，促进自己进步，进而促进整个班级的进步。

五、家校"合伙"——共营，共赢

我一直认为，家长是学校教育的合伙人，所以常常通过"家校信""家校课"和家长会等方式来达到更好的教育效果，从而实现学校、家长和学生三方的共赢。

（一）"家校信"

创建"家校信"的想法源于青春期孩子的现状：不愿（会）主动与家长交流；寄宿后，家长更加难以了解学校、班级以及孩子的日常情况；每学期一次的家长会，不能及时、有效地解决所有家校间的问题。

"家校信"每月一封，每月最后一个返家日，学生会带回一封我的家校信。家校信格式固定，由"公共部分""徐老师给你的悄悄话""××同学的家长给徐老师的话"三部分组成。

"公共部分"全班统一打印，主要向家长、学生宣传国家相关政策，告知学校活动、年级计划、班级近况，介绍我的教育理念、带班方法等。如 2020 年 3 月的家校信，主要介绍了新课改后的高考录取政策；用四场龟兔赛跑的故事，启示四种学习态度、方法；介绍了班级同学 2 月在学校各项活动及评比中的获奖情况。再如，建班的第一封信中有简单的自我介绍、我的带班理念和工作方式、班级任课老师及生活老师的联系方式等。

"徐老师给你的悄悄话"部分手写，主要反馈这个月各任课老师（含体育、选修）、生活老师给我的信息中涉及该生的部分，以及我要提醒学生注意的问题。因这些属于"隐私"，故手写。如 2020 年 3 月的信，我在给一个孩子的"悄悄话"中写道："体育老师向我投诉你总翘课。请认真重读一遍此信第一大部分的'身心健康'一段。"给宿舍生活不太和谐的 4 个女孩分别写道："能与别人友好共处，是重要的处世才能，亦是成熟的标志。"

"××同学的家长给徐老师的话"部分，是让家长将我反映的情况与孩子交流后的结果、关心的问题和心中所想反馈给我。此部分沿信上所画虚线剪下，由孩子返校后交回。通过家长的回执，我可以了解孩子家庭的基本情况、孩子在家的表现、家长对孩子的期许，以及家长对学校及我的工作的建议等。如 2020 年 3 月"翘课"学生家长回话："每周五晚上'本周在校锻炼了吗？跑步了吗？'每周口回校的路上'注意休息，尽量多锻炼'等类似的嘱咐，看来作用不大，希望孩子能理解'身体是革命的本钱'的道理。感谢徐老师的及时通报，也希望 ×× 在综合素质培养方面能做得更好。"寝室不太和谐的学生的家长回话："非常感谢老师对 ×× 的关爱！相信她能处理好宿舍生活'难题'，这也是人生的一种经历。希望她多与老师和父母沟通，克服'难题'。"

徐怡华老师"家校信"之一

"家校信"是我与家长定期沟通的媒介，它使我的教育更具针对性。因为我向家长不断强调"每月一信"，所以我班级学生的家长都有月末收信的习惯。若没及时收到信件，必会主动给我打电话。这是家校共营，可防止学生因表现、成绩欠佳等因素而故意扣留信件。同时，孩子们想到我每月给他们的"悄悄话"，会努力去遵守学校的各项规章制度。久而久之，遵纪守规成为孩子们的一种习惯，进而让我的班级管理更加自如。

（二）家长会

家长会是向家长介绍学校的教育思想、教育理念，家校共建、共营的极好时机。每次家长会，我需要一两周的准备时间，我会针对不同年级、不同学期设计不同的家长问卷。然后发放问卷、收集问卷、分析问卷。针对问卷及上一阶段同学们在校学习、生活的情况准备家长会的PPT。

"让每个孩子怀有梦想，让每个集体成为传奇"是我一直的追求。虽然我的学生会犯各种错误，但我知道错误是成长中的必然，是青春的权利；虽然我的学生有时会偏激而抵触老师们的善意指导，但我知道那是他们在尝试独立思考；虽然班主任是天底下最小的"主任"，但我知道，我正引领着一群雏鹰，他们终将成为人格健全的社会公民。

第三节　家校共营　家校共赢

苏联著名教育家 V. A.苏霍姆林斯基认为，学校和家庭是一对教育者。在孩子的成长过程中，学校和家长应共同承担教育孩子的责任。在教育过程中，学校和家庭紧密联系，形成多角度合力，将促使教育效果最大化。

作为一线班主任，多年来的工作实践使我懂得，在教育过程中要注意"家校共营"——互帮互助、共同经营，进而实现"家校共赢"。

"家校共营"包括家校信、家校会、家校课等诸多方面。本节主要讨论家校会和家校课。

一、家校会——家长、学校、学生共同出席的家长会

1.起因

传统的单向输出式家长会存在的不足：

①主要是对学生考试成绩的报告、分析；

②教师大多讲学生的问题和不足，很少与家长协商解决问题的办法；

③不能具体到每个学生，家长在家长会上了解孩子在校情况有限；

④学生被置于家长会之外，不能倾听和参与对自己的评价，既不直接亦有失公允。

传统的家长会，作为教育者的一方——学校，无信息反馈；作为教育者的另一方——家长，所获信息不全；被教育者——学生，因为信息不对称，常常感到不安和恐惧。

2. 目的

将单向输出式家长会改为多向交流式家校会，以弥补传统家长会的不足，搭建家长、老师、学生互动的平台。

3. 形式

利用家长会的契机，邀请校方（领导、任课老师）、家长、学生共同出席。根据学生入学时间长短、身心发展状况等，设计相应的主题：或以学校教育为话题，或以家庭教育为话题，或以学生成长为话题，或以几方关系为话题，或以社会热点为话题，使学校、家长、学生三方最大限度地进行感情交流、观念碰撞、方法沟通，把教育者和被教育者三方拧成一股合力，共营教育。

下面以高二（11）班两次"了解·沟通"主题家校会为例说明。

例1：2007年9月，高二年级选科分班重组后的第一次家长会

(1) 主题设置的目的：新组建班级的家长最渴望了解的是：未来两年，我的孩子将与怎样的同学共读？

(2) 教室环境的布置：在前方黑板上写"了解·沟通——高二（11）班家校会"，在教室里摆放两倍于学生数量的椅子，把课

桌移到教室外面。

(3)家校会的过程：家长按学生所在寝室的顺序集中就座。学生以寝室为单位依次出场，集体呈现一个最能体现本宿舍特色的"宿舍简介"，然后坐到各自的家长身边，参与整个家校会的过程。

家校会的最后，我给家长们布置了三道"家庭作业"：

①认识孩子同寝室的同学；

②同寝室的家长交换联系方式（建群）；

③提倡每月一次"寝室家庭日"活动。

例2：2008年1月，期末的家长会

(1) 主题设置的目的：检查、落实、强化开学初家校会的主题。

(2) 教室环境的布置：如前。

(3) 家校会的过程：播放"多彩的校园——11班影像"资料。一学期以来，孩子们在教室学习、寝室生活的片段及校长杯篮球赛、校运会等活动的录像，都由同学们自己拍摄、收集，最后剪辑合成。会上，家长们睁大眼睛盯着屏幕，生怕错过了自己孩子的镜头。之后，进入"沟通"环节。首先验收开学初家校会布置的"家庭作业"，随即请"按时完成作业"的家长们说说他们的活动，谈谈他们的收获。这既达到了家长间教育交流的目的，又婉转地批评了"没完成作业"的家长。

4.效果

通过家校会，作为班主任的我能较全面地了解班级家长的立场、观点和建议；家长能较全面地了解孩子、班级和学校；学生能较充分地展现、表达和倾听。家长乐于参加这样的家校会，因为每次都有不同的收获；学生欢迎这样的家校会，因为老师的评价、建议不需要再通过家长来转述，直接有效，亦不需担惊受怕。

二、家校课——请家长走进我们的课堂

1. 起因

①如何让学生在学校学习知识的同时了解社会、扩大视野？

②阅读"家校信"的回执，常常让我感叹家长的才智；翻看学生的档案，发现家长的职业遍及三百六十行，且各领风骚。

③随着课改的进行，课程知识越来越贴近我们的生活。但由于客观因素，许多知识仅局限于课堂上的传授、练习和考试。事实上，单纯的授课、作业，或者形式上的师生互动都不能体现教育与生活紧密联系的本质。

2. 目的

利用家长资源，请家长走进我们的课堂，弥补传统授课模式的不足，激发孩子学习的兴趣，产生多方位的综合教育效果。

3. 方式

根据班级教育计划及家长的职业，将家校课分成两大类：时政和专业课程（活动）。以下举例说明。

例1：时政类

①抓住时机：每年3月，两会在京召开，这是真正的时政热点。

课标要求：我国的政治制度和人民代表大会制度，是高中政治、历史的必修内容。

家长资源：深圳市人大常委会副主任、深圳市某区委副书记。

授课内容：某区委副书记以所在区为例，为学生讲解我国的政治制度。深圳市人大常委会副主任以她实际的工作经历，给学生讲解我国的人民代表大会制度。

②抓住节点：2008年北京举行奥运会。

家长资源：曾代表中国第一次参加世界级帆船比赛、即将以中国水上运动特邀嘉宾的身份出现在2008年北京奥运会青岛赛

场的船长。

授课内容：分享日常训练的艰辛、身披国旗时的激动、拼搏获胜后的喜悦。

例2：专业课程（活动）类

①正确引导青春期男女生的交往。

家长资源：深圳心理咨询界的专家。

授课内容：从心理学的角度给学生专业性、实质性的指导。

②给学生美的教育，体验创造的乐趣。

家长资源：深圳市花艺协会主席。

授课内容及过程：家长从最简单的插花理论引入，边说边示范。同学们分组，用花材学着动手做，一节课后，可做出"改良版"的花艺作品。

4. 效果

这些活动给学生们提供了感知社会、了解社会、接触各个不同行业和领域的机会。一位同学说："这些讲座让我们对书本上的理论知识有了不少感性认识，加深了我们对书本的理解。"另一位同学说："以前我们学习的都是书本上的知识，并不了解如何实践，对于某些特殊的领域也从没有涉猎过。这样的班会帮助我们走出狭小的书本空间，让我们看到更多的东西，教会我们认识这个广阔的世界。"

如果说"家校信"是家校间通过媒介——书信来传递信息、共营教育，那么，"家校会""家校课"则是通过面对面的多向交流来实现教育共营。

"家校会""家校课"是我依据自己多年的带班经验、高中寄宿生的心智状况、当今社会大环境而设计的家校教育平台。多年来，我不断在实践中丰富它的内涵，拓展它的外延，使我的班级管理渐入佳境。当然，最大的受益者是我的学生，此乃真正意义上的家校共营、家校共赢。

第四节　唤我一声"华姐"

我是深圳的学校培养出来的学生，小学至大学的全部学业都是在深圳完成的。而今我是培养深圳学生的教师，2020 年是我在深圳实验学校从教的第 33 年。开拓进取的特区精神、励精图治的实验校训早已深深地烙在我的血液里。

从教 25 年后的 2012 年，深圳市教育局首次海选"我最喜爱的老师"。我的学生，无论是在校的、毕业的，还是国内的、国外的，都通过互联网踊跃给我投票、给组委会留言，最后我荣获这一称号。我当时第一次真切地体会到教师的影响可以如此深远！

33 年的"实验路"，我获得过不少称号："师德标兵""状元老师""名班主任"……而最让我欢喜的称号，是学生、同事的那声"华姐"！它让我温暖与幸福，亦鞭策我奋力前行。于是我努力打造"华姐"品牌：我打出了"华姐响指"，是对积极发言同学的褒奖、重难点知识的强调；推出"华姐饼干"，用亲手烘焙的饼干，对各项活动表现优异的同学进行嘉奖；送出"华姐熊抱"，给住宿而不能归家的孩子一个专属、简短、温馨的生日仪式，替小寿星的父母送一个大大的熊抱；创建"华姐心语"，针对高中生普遍怯于面谈，而学习、生活、情感问题又相对较多的现状，每周与学生在"心语本"里谈心。一路走来，华姐，是班主任，亦是大姐；是朋友，亦是导师。

其实，那个课堂上永远神采奕奕的我，身体却远非外表所见的那般健康。

我陪学生度过高中学段的潮起潮落，学生伴我挺过生命岁月的至暗时刻。

2020年疫情网课期间，班里学生与我相约在微信运动打卡。我们坚信，只有强健的体魄，方能抵抗病毒，面对未来。这是我们一起上过的生命之课。

大潮起珠江，春雨润梧桐。四十年间，边陲小镇蜕变为经济特区，徐家小妹长成老师、"华姐"。回顾我与特区相伴的四十年，特区养我教我，四十年艰苦创业，四十年奋斗不息；我报她爱她，三十载春风化雨，三十载立己达人。

德国著名哲学家卡尔·西奥多·雅斯贝尔斯说，教育的本质是一棵树摇动另一棵树，一朵云推动另一朵云，一个灵魂唤醒另一个灵魂。而我说，教育的真谛是用良知唤醒良知，用人格塑造人格，用生命影响生命！

第五节　平凡的坚守

2019年，我收到一份礼物。

因为它，我收到满屋的鲜花、满心的祝福；亲人视我若公主，同事对我多关爱；同学相聚、老友畅谈……我每天都被幸福浸润着。

它有神奇的美容功效：让我重新长出一头浓密的黑发；将黄黑暗淡的肌肤变得白皙、粉润。甚至常有朋友夸奖："你的气色真好！"此外，它还有一个让所有女士羡慕、嫉妒的功效——满足口福的同时还能让身材越来越苗条。

它还丰富了我的知识，让我了解了以前未曾触及的学科，掌握了一门娴熟的技能——自我肌注。它给我各种挑战，让我发现了自己的潜能——隐忍、适应；使我重新审视人生的要事——珍惜、感恩；使我懂得幸福的真谛——悦纳、平和。

真是一份美妙的礼物！我知道此刻您迫不及待地想知道这份礼物到底是什么，甚至也希望拥有一份。

但，很遗憾，我并不希望您拥有它！

它是丙肝，以及此后为了"消灭"丙肝而进行的长达56周、每周一针的干扰素治疗。

那真是痛苦而漫长的56周！

干扰素治疗，被医生称为"小化疗"，会产生许多副作用：寒战，三伏天里盖着两床被子还瑟瑟发抖；骨痛，痛得泪水直流；钻心的瘙痒，身子被挠得体无完肤，浅色的校服衬衣上天天印着我斑驳的血迹；极度乏力，下班后常常无奈地坐在小区花园的石凳上——实在一点力气都没有了，真不知道该如何将自己挪到8楼的家里去……

看着缓慢行动的、软软的我，同事们不解我为何还要上班，还要坚持上课？

当初，之所以选择留在这个年级，是因为一句承诺——高二文科班组建的第一天，我跟孩子们说："我会陪伴你们走完高三。"但是，随着时间的推移，孩子们俨然成了我治疗期间的"重要他人"。

干扰素的种种副作用，我都可以忍耐，但消沉、焦虑、封闭、失眠……越来越严重的抑郁症远不是忍耐能挺过去的。是孩子们信任的目光、"我们一起加油"的鼓励、开怀的笑声、风雨无阻的搀扶，陪伴着我走出那段灰色的日子。

以上这段文字，是我在 2012 年 4 月 27 日发给那一年所有关心和祝福我的同事、朋友的邮件中的一段。

教师生涯，没有惊天动地的故事，丙肝，仅是我生命中的一次"偶遇"。无论过去还是现在，我都坚守着一种教育操守——学高为师、身正为范，用智慧和汗水耕耘着自己的一方天地。

我一直坚守着一份热情，一份对教育的热情。2012 年是我在深圳实验学校工作的第 26 年。许多同事、朋友惊诧于我仍保持着大学刚毕业时的工作热情。我说："因为与青春做伴，所以拥有一颗永远年轻的心。"笑容，是我最好的名片。即使在重病期间，我的笑容也未曾远离。在 2012 年深圳市海选 10 位"我最喜爱的老师"期间，学生在网上给我的留言中出现频率很高的一句话是："笑容灿烂的老师。"我无法改变生活，但我能掌控自己的心态；我无法改变社会，但我能影响我的学生。为了让青春绽放，我一直固守着一份对教育的热情。

我一直坚守着一种信念：每朵花都有自己的芬芳，每个孩子都有属于自己的人生。我的教育理念是，孩子们"一个都不能少"。所以，"让每个学生走向成功"是我执着的追求。

我一直坚守着一种姿态：蹲下来。我对自己的要求是，笑着做老师，蹲着教学生。蹲，是一种姿态，一种平等的姿态。我常常站在孩子的视角看孩子，让自己拥有一颗童心，走进孩子，倾听孩子，与孩子同欢乐，与孩子共悲伤。我对孩子们说："你们遇到烦心事，一定要来找我。"在学生需要我的时候伸出援手，在学生渴望我的地方及时出现，这就是一种"蹲着"的姿态。

我一直努力让我的课堂成为学生最喜爱的课堂。毕业的学生这样评价我的教学："上课是快乐的，作业是有趣的，考试是期盼着的，成长是自然的。"学生的一个错误可以让我的课堂响起两三次掌声。"他有不同的声音，鼓掌！"我说。只有听到不同的声音，学生们才会去思考。有时错了，学生还坚持。"鼓掌，坚持很不容易。"我说。"刚才我是这样错的……"，孩子这么说，多美，对同学们的学习是提示和唤醒。学生在我的课堂上学到的不仅仅是知识、思维，更是一种不唯师、不唯书、不盲从的治学态度。

认真做事只能把事做对，用心做事才能把事做好。平凡地生活着，执着地坚守着，用心地工作着，这就是我，一名普通而真实的高中教师。

第六节 "实验"的印记

1987年6月20日，是我来深圳实验学校报到的日子。那天，在现在小学部的校址，我第一次见到第一任校长金式如先生。金校长握着我的手，笑着，说的第一句话是："侬那能嘎黑咯啦？！"我一下明白了，他从我的档案上知道我是上海姑娘，可没想到来了一个这么黑的丫头。校长说，中学部8月底就要搬到新校舍了，现在缺一位历史老师、一位少先队辅导员……我当时就想，一定是我那黝黑的肌肤展现出了出土文物特有的年代感。

就这样，深圳实验学校错失了一位中文系毕业的语文老师，多了一位历史老师。来实验的第一天，原以为终于结束了学习生涯的我，才发现我的职业研学生涯才刚刚开启。

1989年，深圳实验学校实行了全市首个教职工校服制度。第一套校服的衣料相当糟糕，水洗后，很难熨平整。天天穿校服很枯燥，糟糕衣料很难受，作为一个二十刚出头的爱美的姑娘，我此刻的心情实在不太好……

于是，我被请进了校长室。金校长与我讲校纪、校规，我与校长讲个性、自由。校长与我讲精气神，我与校长讲俊俏美。最终，校长以校服能提升实验员工的职业气质说服了我。

不久，学校又发了两套质量上乘的新校服。

来实验的第三年，我懂得了：对于规章制度，应该遵守它，也可以完善它。

1999 年，我第一次带高三。

因为是新人，此前已有许多弃我而另用他人的舆论。当时的年级主任和历史学科主任力排众议，给了我一次锻炼和证明自己的机会。

金校长常说，对于高考，老师责任重大，因为高考是每个家庭的希望，关系着每个孩子的未来。所以老师们需战战兢兢，如履薄冰，竭尽全力。

于是，整整一年，一个人就是一支队伍的我，在"薄冰"上竭力燃烧。

那年高考，我校历史均分全市第一，林志雄同学摘取了深圳市历史单科状元。

原来，唯有立于"薄冰"之上，方能享受激情燃烧的岁月！

2002 年 5 月，高中部搬迁至西丽校区。西丽校区的教室无法装下原本 55 人的教学班，而当时所有的班级都不愿打散重组。最终，学校从 8 个理科班中抽出了成绩倒数的 35 人，组成一个"加强班"，这就是 2003 届的 11 班。我很荣幸，成了这个特殊班级的班主任。

那是一群心灵受伤的学生，那也是一群精力充沛、爱好广泛的孩子。

高三，他们开始收拾心情，铆足劲儿，只为心中的那个梦。经过艰苦的拼搏，在我校的重点率还只有 5%—6% 的 2003 年，加强班中 28 人考上了本科。

那年，我终于确信：你不放弃，终究不会被抛弃；你若坚强，命运自会"打赏"。

2011 年，我病了，病了很久，病得很重。看着我手脚并用、一步多喘爬楼梯的样子，校长告诉我："高中部马上就要有电梯了。"

春去春又来，我的治疗结束了。送走了 2012 届的学生，我的办公室也从五楼搬回了一楼。但我还是没有看到电梯的踪影。

电梯交付使用的第一天，我一个人上上下下来回坐了 3 趟。那时我没病，那是我跟高中部电梯了结"私人恩怨"的方式。

在实验的 25 年，我用我的双脚验证了一条真理：有些事必须靠自己，比如爬楼梯。

2018 年 6 月 1 日，当我编着两条麻花辫、穿着孩子们的礼服裙、手提糖果篮推开班级教室大门的时候，孩子们齐声喊道："华姐，玩不出新意了吧？！"我笑着说："前两年的儿童节，我与你们分享的是我的童年记忆：大白兔奶糖、棒棒糖。今天，我要送出的是专属于你们的记忆。今天是儿童节，也是高考倒计时 6 天，我送你们每人一根果丹皮、两颗巧克力，愿你们带着孩子般的笑容走进高考考场，盼你们书写满分的答卷。"

我已是 50 多岁的人了。学生一年年长大，我却还在延续着自己的童年。教了 30 多年的书，最终把自己教成了孩子。

三十余载杏坛，岁月如歌。今天的我特别感谢昨天的实验。

岁月有情，实验是我生命中永恒的印记！

第七节 生命，因孩子们而美丽

常有人问我："你快四十了？有什么保养秘诀？"我总会笑着说："因为感动，因为爱呀！"

中秋节是月圆人团圆的传统佳节。下午下班后，先生带着女儿，带着月饼，到学校接我一起出去吃饭。办公室的同事发出羡慕的叫声、笑声。可是班里的孩子们呢？第一次没能与家人共度中秋，心里一定挺难受。我想给孩子们一个惊喜。匆忙吃完团圆饭，暮色中，我带着女儿，捧着月饼又返回学校。在办公室里，我和女儿把有限的月饼切成极小的块，插上牙签。晚自习的铃声响了，我和女儿捧着月饼推开了教室的门："中秋节快乐！"

端午将至，几个女生围着我说："粽子太好吃了！特别是客家人包的：韧韧的、肉肉的，是粽子中的极品！"女生们对着我坏坏地笑，我知道她们的意思了。第二天，我起了个大早，从冰柜里把我婆婆包的粽子全拿出来，蒸热，打包。

住校了，就少了与家人共度中国传统节日的喜庆。毕竟是在华夏文化氛围中长大的孩子，自然就会"每逢佳节倍思亲"。不在乎月饼和粽子的多与少，孩子们在乎的是一种心情——一种快乐与幸福的心情。而我让孩子们品尝的就是那份快乐、那份幸福的心情。

六一儿童节，这本不是属于我们的节日。孩子们说："全班女生都把头发扎成了两条小辫，以示庆祝。你也加入我们的队伍吧！"我被孩子们的快乐感染了，欣然应允。当我扎着两条长长的辫子出现在教室门口的时候，孩子们报以热烈的掌声。在"儿童节快乐"的祝福声中我开始了教学，并在始终充满着愉悦的气氛中结束了课程。多可爱的孩子呀！他们没有囿于"师道尊严"，视我如友、如姐。生活中有这些孩子相伴，一路阳光、一路歌声、一路欢笑、一路快乐，我真的好幸福！

2007年6月1日，我收到这样一条短信：

老师，儿童节快乐！哈哈，我是元嘉欣。不知道您记不记得，三年前的今天，我们班的女生邀请您加入我们的"六一"扎辫子行动，结果您真的扎了两条麻花辫来给我们上课。那个中午我跟曹楠去找您，您边帮我们梳头边告诉我们，以前在本部的时候，一个女生每天午休后都顶着乱乱的头发去找您帮她梳头。当时的感觉我记得很清楚，就算现在想起来也还是觉得很温暖。那时我就很坚定地要报历史专业了。这样想来，我选择要跟着的，是老师您吧！如果您是教地理的，可能我就报地理专业呢！

我今天又扎了两条麻花辫，哈哈！

一直很惭愧没有把历史学好，而且居然还半路逃掉了。不过还是很感激您，一直超喜欢您。

再次祝您节日快乐，一切安好！

孩子就是孩子，他们有犯错误的权利。错过了犯错误的年龄，其实也是一种错误。

我常在清晨的上班途中、午休期间和深夜时分收到如下短信："老师，对不起！我又给班里扣分了。早上起晚了，没去晨练。""老师，坏消息呀！我数学没考好，要给班级拖后腿了。""老师，因为下棋，我们昨晚被抓了。"

每当看完这些短信，我的第一个反应一定是笑，多可爱的孩子！

当孩子的错误（失误）给班级带来的损失已经成为事实，一切争执、责罚都无济于事。我更在乎的是他们犯错后的态度，也总能真心地原谅他们的过失，用宽容来安慰因失误而愧疚的心。因为宽容，我赢得了孩子们的信任和尊重。

十四五岁的孩子，第一次独自在没有父母相伴的学校过生日，或许会生出些许孤单、悲伤的思绪来。将心比心，有谁不希望在生日那天得到众人的祝福呢？所以，所有在上学期间过生日的孩子，我都会送他／她两个礼物：一束鲜花（或一盒巧克力），还有一个我的祝福拥抱。与此同时，全班同学会自发地送他／她一首生日歌。这么多人为他／她祝福，这么多人分享他／她的快乐，这样的生日他／她还会孤单吗？

有孩子这样问我："老师，你怎么记得那么多同学的生日？"我笑着回答："因为爱你们，所以记住了你们的生日！"

期末家长会，我让孩子们也参加，来个现场多方对话。一个孩子因有事不能出席，给我递来了一张纸条："老师，谢谢您！因您的教学，我的历史成绩由劣势变成了优势。……我不是您最好的学生，但我一直希望能成为您最优秀的学生，这也是我这一年来最大的梦想。"

读着这些满含真情的话语，我被深深地打动了！这孩子，我曾多次批评他的冷漠与封闭，但这字里行间哪里有一点冷漠与封闭！我长久地沉浸在这一刻的感动里。感动真好，清香怡人，又沁人心脾。

孩子们说："老师，不能总是您给我们过生日。告诉我们您的生日，让我们也给您过次生日吧！"我知道，这就是爱的回报！

分班前的最后一个结业式，当我看见孩子们脸上那留恋不舍的神情，当我看见孩子们眼里的泪光时，我明白，这就是爱的回报！

最后一次家长会，当那个总给我发"坏消息"的男孩，面对全体同学、全体家长，走到我面前，给我一个深深的鞠躬时，我确信，这就是爱的回报！

当高二（10）班全体同学大声喊出"爱我中华，爱我怡华。历史恒久远，怡华永流传"的时候，我坚信，这就是爱的回报！

这些，就是孩子们给我的最珍贵的礼物！

每个人对生活都会有不同的诠释，而我，只有八个字：感悟、热爱、真诚、付出。

在落笔写下这些文字的时候，我忽然发现：我在学生那里得到了那么多的回馈。他们，使我的生命如此美丽！

第八节　给网课画一个句号，给重逢一个仪式

2020年的春天，从料峭春寒（2月10日）到花开半夏（5月8日），我们响应国家的号召，宅在家里，见证着历史；在网络屏幕上，创造着历史。

5月5日，即将结束网课重回校园的最后一个假日，我在高二（4）班的班群里发了这样一个通知：

下周，我们终于将相聚于官龙山下了……

我们需要一个仪式——一个久别重逢的仪式！

1.足足3个月"前不见古人"的网课，一定让你有许多"创始"的收获。请至少从3个维度说说让你难忘且受益的收获。

2.足足3个月憋在家里，终于将开启正常的校园生活了，你一定对学习、对班级、对老师有许多期许。请庄重地写下你的期许。

以上小文请在半页A4纸上完成。最好能将页面进行设计，配上小插图，千万记得留下你的大名。

此小文是你给3个月的网课画的句号，是你返校进班的"投名状"，也是你给华姐的"见面礼"（自然，你会收到华姐的回礼哦）。

我会将你的小文第一时间张贴在教室后面的黑板上——这是你给自己，也是给同学、给班级最好的返校礼物。

期待同学们的作品，期待官龙山下的相聚。

其实，通知发出前，我已给同学们准备好了返校复课的"见面礼"——亲手制作的艾草香囊。每个香囊上挂着一个小卡片，卡片的正面是我手写的文字——"疫霾尽散，花开半夏""以艾之名，迎尔归来"……反面盖上了由四羊方尊的剪影和"四"字的金文构成的二（4）班的班徽。

5月11日，同学们终于齐齐整整地回到了久违的教室。少了拥抱、缺了击掌，同学们手擎香囊，激动地拍着自己的双手，大声地唱着："如果感到幸福你就拍拍手……"他们大喊着："复课啦……"

晚自习时，我终于有时间仔细阅读同学们的"见面礼"了。

我由衷感慨：3个月网课后，孩子们都长大了！字里行间，我看到了深圳实验学校"以爱国主义为基础的健全人格教育"的成效，看到了国家的希望。

再见，2020年的春天！今天，我们重新出发……

第四章

健全人格教育经典案例

第一节　班会设计

一、高一新生"良好住宿习惯"养成系列活动

班会活动背景：高一入学的新生绝大部分从未有过在学校住宿的经历。远离父母、独立生活，这一切都需要老师细心引导，需要学生慢慢适应。

班会活动主题：良好住宿习惯的养成。

班会活动形式：本次班会活动分为四个阶段。

阶段一：入校后第一周，观察阶段

班主任通过生活老师了解学生住宿生活存在的问题。通过观察学生的精神状态，了解学生的睡眠情况。

这阶段的教育目的：一方面让学生自己体会宿舍生活和住家生活的不同，另一方面让他们认识到，宿舍生活并不像他们想象的那样简单。

阶段二：第二周，指导阶段

班主任通过"心语本"了解学生的感受，倾听学生在住宿生活中遇到的问题和困难。召开话题班会，对共同的问题加以解答，指出学生的不足之处，并指导每个寝室制定适合本寝室的内务分工表和纪律考核表。

这阶段的教育目的：让学生懂得，有问题有矛盾是正常的，互帮互助才能将宿舍工作做好，才能生活得更快乐。

阶段三：第三四周，检查落实阶段

班主任结合学校的常规评比，每天对宿舍情况、"两睡"情况和内务情况进行检查，对内务不合格的学生进行强化训练，对

不守"两睡"纪律的学生予以批评。

加强家校间沟通，通过微信的"家长群"、班主任的"家校信"，父母可及时了解孩子在校的学习、生活情况，班主任亦可获得学生在家的表现情况，并叮嘱家长督促孩子把学校生活养成的好习惯带回家中。

这阶段的教育目的：通过检查督促和家校联手，使学生养成良好的生活习惯。

阶段四：一个月后，召开"宿舍里的故事"主题班会

班会活动目的：让学生分享集体生活，学习过集体生活。

班会活动准备：

1. 学生准备具有本宿舍特点的物品；

2. 每个宿舍准备自己的门牌号，如"男312"；

3. 每个宿舍全体成员合作表演一个节目，内容不限；

4. 班会背景音乐《睡在我上铺的兄弟》《同桌的你》。

班会活动过程：

1. 宿舍里的故事

（1）班主任导入：大家离开家庭，来到学校，在另一个"家"里和一群原本不认识的人朝夕相处，同吃同住同学习，这个"家"就是我们的宿舍。今天我们一起来分享发生在宿舍这个特殊家庭里的故事。

（2）学生按宿舍就座，把宿舍的门牌号放在前面。每个"家庭"的"家长"，即宿舍长介绍自己的"家庭"成员。介绍力求个性化，内容可以包括宿舍成员的姓名、绰号、床号、爱好、个性、趣事等，但要简短。

（3）进行宿舍文化展示。每个宿舍轮流展示能体现本宿舍特点的一些物品，如宿舍装饰一新后的照片、共同外出游玩时的照

片、某位同学过生日时宿舍成员送的很有意思的礼物等。若宿舍里的小伙伴都很爱吃某种特殊的食物，也可以带来让大家品尝。

（4）班主任引导：可以看出，每个宿舍都是一家人，每家人有每家人的特点。现在，请大家根据自己"家庭"的特点，给"家庭"取一个动听的名字。

宿舍成员一起商议，达成一致后把名字写在宿舍门牌上。最后与全班同学分享宿舍名字的含义。

（5）班主任引导：宿舍仅仅有了名字是不够的，一些宿舍还自己制定了许多宿舍规则，如作息的规则、娱乐的规则、值日的规则……你们宿舍的规则是什么？

请宿舍长介绍本宿舍规则，并说明此规则是如何出台的。全班同学可以针对"这些规则是如何被遵守的"进行提问。

（6）班主任再引导：宿舍规则是为了让宿舍里的每一个人能生活得更好，当然，规则肯定有不被遵守的时候，这时必然会引发一些冲突。宿舍里的冲突是怎么发生的？又是如何解决的呢？请各宿舍间交流分享。

（7）班主任总结：生活在一起，难免会有冲突，但宿舍里感人的故事会更多。说说最令你感动的一件事。

同一宿舍令各成员感动的事件可能是不一样的，让大家彼此分享。最后，每个宿舍选取一件大家一致认可的事给全班分享。

2. 说说"卧谈会"

（1）班主任导入：每个宿舍里都有一项重要的活动，就是睡觉前的"卧谈会"。这是每一个有集体生活经历的人都很难忘的。

（2）组织宿舍间交流分享

① "卧谈会"有哪些内容？

② 宿舍内大家最感兴趣的话题是什么？

③ 时间最长的一次"卧谈会"是哪一次？那次的主题是什么？

④ 最让大家激动（难忘）的一次"卧谈会"是哪一次？

（3）班主任小结：当然，有时"卧谈会"的内容是一个秘密，是属于本宿舍这个特殊集体的，今天我们就不予公开了。

3. 宿舍同行动

（1）宿舍成员共同参与表演一个节目，要简短，只要宿舍人人参与即可，可以是共同演唱一支歌，也可以是合作完成一幅画，甚至是大家一起喊一句口号等。

（2）班主任总结：宿舍里的故事有酸有甜有苦有辣，多年以后，我们一定不会忘记"睡在我上铺的兄弟"。

班会活动反思：

习惯养成非常重要，不论入学教育多么细致周到，学生在今后的学习生活中仍然会有许多问题产生。毕竟，习惯不会在一天内形成，往后还需要根据学生认识的程度和可接受的形式不断修正，逐步形成规范。

二、迈好"历史"第一步

班会活动背景：2021届是广东省新高考"3+1+2"模式的第一届，这里的"3"指语文、数学、英语；"1"指物理或历史；"2"指在化学、生物、政治、地理学科里4选2。本次班会活动是同学自主选科、年级完成分班后的第一次班会。

班会活动主题：迈好"历史"第一步。

班会活动目的：

1. 让新班级的同学了解班主任，让同学们尽快相互认识；

2. 如何迈好历史班的"历史"第一步。（我是历史老师，带的是历史班。）

班会活动准备：班主任准备班会课件。

班会活动形式：本次班会活动分成两部分。

第一部分：自我介绍。班主任和全班同学依次将自己的名字写在黑板上，并用3句话、从3个角度介绍自己。

第二部分：班主任关于"迈好'历史'第一步"的讲解。

班会活动过程：

第一部分：自我介绍

班主任在黑板的中央写上"因为对历史的热爱，所以我们相聚高一（4）班"，签上自己的名字。学生相继在这面黑板上签上自己的名字，并做简短自我介绍。

新班级组建的第一天，师生共同完成新班级的第一个"作品"。

此环节设计意图：

1.通过自我介绍，让同学们尽快彼此了解；

2.训练学生的表达能力：如何在一个陌生的环境里表达自己，如何用3句话让别人记住自己的名字；

3.训练学生的专注度：班会结束前，让全班同学不看黑板，默写记住的名字，比一比，看谁记得多，记得准；

4.师生共同创作的"作品"即是送给新班级的第一份礼物，也为高中最后一个班会做好了准备。

第二部分：班主任关于"迈好'历史'第一步"的讲解

1.介绍一个物理学的概念——路径依赖

路径依赖，类似物理学中的"惯性"，一旦选择进入某一路径（无论"好""坏"），就可能对这种路径产生依赖。人们过去做出的选择，决定了他们现在及未来可能的选择。好的路径会起到正回馈的作用，通过惯性和冲力，产生飞轮效应而进入良性循环；不好的路径会起到负反馈的作用，就如厄运循环，可能会被锁定在某种低层次状态。

2. PPT 上的图片：中国航天飞船发射现场

班主任可以指着图片问学生：运载火箭的惊人推力实现了发射大型太空探测飞船的梦想。那么，可否把火箭的推进器造得更宽一点，这样容量不就更大、飞船飞得不就更远了吗？请学生思考、交流、回答。

3. PPT 上的图片：延绵的铁轨

班主任提示答案：不可以！因为火箭推进器是一次成型的，造好后要用火车从工厂运送到发射场。铁轨的宽度决定它的宽度。那么，铁轨的宽度又是由什么来决定的呢？针对这个问题，请学生再思考、交流、回答。

4. PPT 上的图片：古长城驿道石板路上的车辙

中国最早的铁路是由英国人建的。中国的铁路两条铁轨之间的距离是由英国的铁路决定的。

英国铁路的标准距离是 4 英尺 8.5 英寸。这是一个很奇怪的标准，究竟是从何而来的呢？为什么英国人用这个标准呢？

原来英国的铁路是由建木质马力运煤轨道的人设计的，而这个标准正是运煤轨道所用的标准。那么，运煤轨道间的距离又是从哪里来的呢？

原来，最先造运煤车的人以前是造马车的，他们沿用了马车的轮距标准。那么，马车为何要用这个轮距标准呢？

因为如果那时的马车用任何其他轮距的话，马车的轮子很快就会在英国老路凹陷的车辙上损坏。为什么？

因为这些路上辙迹的宽度是 4 英尺 8.5 英寸。这些辙迹又是从何而来的呢？

是古罗马人留下的。罗马帝国曾经征服不列颠地区，英国的老路都是罗马人为他们的军队铺设的，而4英尺8.5英寸正是罗马战车的宽度。如果任何人用不同的轮距在这些路上行车的话，他的轮子的寿命都不会长。那么，罗马人为何以4英尺8.5英寸作为战车的轮距呢？

原来这是古罗马战车两匹马的屁股宽度。古罗马人发现，两匹马驮运的战车的稳定性、战斗力、驮运量综合起来是最佳的。而两匹马并列在一起时，马屁股的宽度就约为4英尺8.5英寸——两匹马屁股的宽度决定了战车的轴距。

回到航天飞船的发射现场。

如果可能的话，工程师肯定希望把推进器造得宽一点，这样容量就可以大一些，火箭就能飞得更远一点。但是他们不可以，为什么？

因为中国的航天发射场远离城镇。火箭推进器是一次压制成型的，造好后需用火车从工厂运送到发射场，路上要通过一些隧道，而这些隧道的宽度只是比火车轨道宽了一点。而火车轨道的宽度是由两匹马的屁股宽度决定的。

5. PPT上的图片：两匹马的屁股

今天世界上先进的运输系统——铁路的宽度，是由两千年前两匹马的屁股宽度决定的。这就是路径依赖，看起来有些悖谬与幽默，但这是事实。

6. PPT上的图片：长江流域、密西西比河流域、武汉长江大桥、密西西比河上的桥梁

在我们今天的生活中，也有许多"路径依赖"的鲜活例子，例如：

长江是世界第三长河。密西西比河是世界第四长河。但是中国长江的年运输量远不如美国的密西西比河。请学生看图、思考、

交流，并找出原因。

武汉长江大桥，是中华人民共和国成立后修建的第一座公路、铁路两用的长江大桥。但其桥拱的高度决定了长江的运输量，这就是路径依赖。

7.结束语

学生生涯无法摆脱路径依赖，一旦我们选择了"马屁股"，我们的人生轨道可能就只有 4 英尺 8.5 英寸宽。虽然我们并不满意这个宽度，但是已经很难从惯性中抽离。

所以，迈好"历史"第一步，同学们首先要寻找理想的"马屁股"。

引导学生思考历史班理想的"马屁股"是什么。班主任一一将被同学们认可的"马屁股"写在教室后面的黑板上——这是历史班建班第一天订立的班级"契约"。

班会活动反思：

这是两个课时的班会活动，所有的同学都是班会活动的参与者，班会目标达成。

需要控制学生自我介绍的时间，以防班会时间过长。

三、人生规划——两年后，我将在××大学就读

班会活动背景：这是历史班组建的第二周。第一周的班会上已引导学生"迈好'历史'第一步"，如何规划好未来两年的高中学习和生活，需要班主任进一步引导。

班会活动主题：人生规划——两年后，我将在××大学就读。

班会活动目的：

1.尽早设立大学目标；

2.在"大目标"的引领下，规划每学年、每学期、每月、每周、每日的"小目标"。

班会活动准备：班主任准备班会课件。

班会活动形式：本次班会活动分成两部分。

第一部分：班主任的PPT课件分享。

第二部分：学生的"心语"写作。

班会活动过程：

第一部分：班主任的PPT课件分享

1. 人生规划：五年后你在干什么——李恕权的故事

（背景音乐：李恕权《每次都想呼喊你的名字》）

李恕权，知名艺人，发行过多张畅销的音乐专辑。

李恕权在20世纪80年代十分活跃、多产，并曾荣获"全美十大杰出青年"的称号。他是如何取得诸多骄人成就的？

以下是他写的一篇回忆短文（文略）。

2. 班主任的话

故事看完了，你一定有很大的触动吧？

今天，是你到历史班第二周的第一天。

今天，距离2019年高考还有4天。

今天，距离2021年属于你们的高考还有24个月、108周、734天。

应该确立大学目标了！应该制订自己具体的行动规划了！

如故事所述那样逐步往回设想：

两年后（高考后、你的大学）……

一年后（准高三了）……

一个月后（高一结束了）……

两周后……

直到本周。

想好后，写在"心语本"里。

3. 展示 2012 届博宁学姐当年的"心语本"

在这篇"心语"中，博宁列出了自己的奋斗目标——传媒工作者。她也列出了两年、两个月、两个星期及本周的学习计划，我们再来看看 2012 年自深圳实验学校高中部毕业后博宁的人生轨迹：

2012 年—2016 年，中国传媒大学，英语主持系本科生；

2016 年—2018 年，中国香港大学，新闻学系研究生；

2018 年至今，新华社对外部，编辑、记者。

博宁的人生目标清晰，她一步步坚定地走向了自己的梦想。

4. 结束语

看完李恕权的故事，读着学姐的"心语"并看到她的人生轨迹，老师知道你心动了，迫不及待地也想给自己制订一个两年的学习规划。

别急，先仔细想想，完全想好后，再在"心语本"里写下来。

第二部分：学生的"心语"写作（略）

班会活动反思：

这节班会最精彩的部分是学姐的"心语"分享，因为是同龄人，因为她正是按自己当年的规划一步步走过来的，所以最打动现在的学生。

学生的"心语"可能在本节班会课上写不完，可以课后完成。

下周的班会，征得学生同意后，分享写得好的"心语"。

四、成功无捷径

班会活动背景：高一的同学们入学快一个月了，"十一"长假结束后，他们将迎来高中学段的第一次大考——一段考。他们适应高中的住宿生活了吗？这一个月的课业内容掌握了吗？如何复习备考？这些都需要班主任的进一步引导。

班会活动主题：成功无捷径。

班会活动目的：

1.学生分享入学一个多月来遇到的各种学习、生活问题，班主任要让学生明白，原来"我们遇到的问题都一样""我并不特殊"，这样可以缓解学生的焦虑。

2.让学生理解，"成功"是每个同学的目标，成功从来都无捷径，但成功有方法，成功属于持之以恒、努力奔跑的人。

班会活动准备：班主任准备班会课件。

班会活动形式：班主任的PPT课件讲演与学生的讨论交流相结合。

班会活动过程：

1.展示PPT上的图片：《时局图》

这幅《时局图》，对于刚刚结束中考的同学们来说一点也不陌生。

此环节设计目的：用同学们熟悉的《时局图》引出下面一幅图片。

2.展示PPT上的图片：《"时局图"——深圳实验学校2015届11班毕业方向分布图》

此幅图上列举了本校2015届11班学生考入全国高校的情况。

探究题：

请根据《时局图》及所学知识，分析《"时局图"——深圳实验学校2015届11班毕业方向分布图》形成的原因，并预测4年后该图的变化。

此环节设计目的：这一设计创意来自高考历史的主观题。通过分析这幅图，学生可以观照自己的现状——经过中考的奋力拼搏，才有今天坐在深圳实验学校高中部教室里的自己。

3.成功无捷径

今天，我们站在同一条起跑线上，我们正在到达成功的途中，但成功离我们还很远……在到达成功的终点之前，我们要一直奋力奔跑，在奔跑的过程中，我们会遇到很多诱惑和阻碍，我们有时会忘记自己该做什么了。

同学们，你们进入高中已经快一个多月了，在你奋力向前奔跑的途中，是否也遇到了这些烦恼呢？

当我们遇到这些烦恼和问题时，该如何解决呢？还记得龟兔赛跑的故事吗？我们看看能否从中找到一些启示。

4.第一场龟兔赛跑

乌龟与兔子之间发生了争论，它们都说自己跑得比对方快。

于是它们决定通过比赛来一决雌雄。确定了路线之后，它们就开始跑了。

兔子一个箭步冲到前面，并且一路领先。看到乌龟被远远抛在后面，兔子觉得，自己可以先休息一会儿，然后再继续跑。

于是，它在树下坐了下来，并且很快睡着了。乌龟慢慢地超过了它，并且完成了整个赛程，当上了冠军。兔子醒了过来，发现自己输了。

第一场龟兔赛跑的启示：稳步前进者往往能够获得最终的胜利。

班主任的话：学习是一种漫长而艰苦的脑力劳动，唯有勤奋、持之以恒，才能有收获。我们不能像兔子那样，稍有点优势，就骄傲自满。若那样，强项很可能会变成自己的绊脚石。

发挥你的想象力，给兔子和乌龟设计第二场，甚至第三、第四场比赛……

5.第二场龟兔赛跑

兔子输掉比赛后做了失利原因的分析。它发现，自己失败只是因为过于自信，如果自己不那么自以为是，乌龟根本没有获胜的可能。

于是兔子向乌龟提出挑战：再比一次！

乌龟同意了。

在这一次比赛中，兔子全力以赴，从起点不停歇地跑到了终点，把乌龟甩在了几公里之后。

第二场龟兔赛跑的启示：迅速实践并且坚持下去，一定能打败对手。

班主任的话：住宿制的晚自习，是拉开同学间成绩的重要的赛场。所以，每天的晚自习开始后，同学们要一鼓作气，学习要专注、再专注！

6.第三场龟兔赛跑

乌龟意识到，以当前的比赛形式，它是不可能在比赛中胜过兔子的。它想了想，然后向兔子发出了新的挑战，它要跟兔子再比一次，但是比赛路线会有所不同。

兔子同意了。它们出发后，兔子遵循了原先的策略，坚持以最快的速度飞跑，直到面前出现了一条大河，终点位于河对岸两公里处。

兔子坐了下来，思考着下一步该怎么办。

这时，乌龟赶了上来，它跳进了河里，游到了对岸，最终到达了终点。

第三场龟兔赛跑的启示：找出自己的核心竞争力，然后选择适合展现它的比赛场地。

班主任的话：在深圳实验学校，"成功"不仅只有学业，还有丰富多彩的社团和平台，同学们要找到最适合自己的社团和平台，展示才华，活出自信。

7.第四场龟兔赛跑

动物园将举行运动会。兔子和乌龟已经成了好朋友，这次，它们决定组成一个团队参赛。

它们出发了，前半程兔子扛着乌龟跑到了岸边。然后，乌龟驮着兔子游到了对岸。到了对岸之后，兔子又把乌龟扛了起来，最后，它们一齐冲到了终点。

第四场龟兔赛跑的启示：拥有核心竞争力是你的优势，但手有十指，各有所长。当今社会，没有一个人可以孤立于世。要学会团队合作，共同进步。

班主任的话：在高一（4）班这个集体里，同学之间不仅是对手，更是战友。同学们要充分利用住宿制的优势，在宿舍里比、学、赶、帮，收获友谊，收获彼此的成功。

8.结束语

在上个月的"心语本"里，不少同学写道："没想到高一比初三还辛苦，太累了！"

上个月，是同学们进入高中的第一个月，面对全新的住宿制、9门"火力全开"的高中课程，许多同学忙得不得章法，忙得焦头烂额，自然会觉得"太累了"。

成功无捷径，但成功有方法。愿今天班会课上这四场龟兔赛跑的故事，能帮助同学们找到通往成功的路径。

班会活动反思：

同学们通过分享一个月高中生活中遇到的问题及对四场龟兔赛跑启示的讨论，使这节班会课取得了成功。为使班会节奏更好、更有效，本节班会课前要先让学生做好准备：罗列自己进入住宿制高中后遇到的学习和生活上的问题。

班主任需要控制每次讨论的时间。

五、××考后的复盘反思

班会活动背景：

本次班会活动可在高中各学期的期中考试、一段考试、二段考试，以及高三的第一次联考、第二次联考、一模、二模考试成绩公布后进行。

班会活动主题：××考后的复盘反思。复盘，来源于棋类术语，也叫"复局"，指的是对局完毕后，排演下棋全过程，找出双方攻守的漏洞，加以改进。

班会活动目的：对过去的事情从头到尾地演练分析一遍，为今后会遇到的问题推演出行之有效的办法。复盘是最好的学习方法。成绩，只能证明过去；成绩，重在分析。

复盘态度：剖析自我、实事求是、坦诚表达。改变学习态度，过程比结果更重要！过程对了，结果自然不会差！

班会活动准备：班主任准备"××考后的复盘反思表"，可用于高三之前所有学期的大考后（使用时需修改"回顾目标"的个别子目）。

准备"_____同学××考后的复盘反思表"，用于高三每次的月考、联考、模考后（使用时需修改"回顾目标"的个别子目）。

进入高三后，给每位同学准备一个"复盘反思"的文件袋，用于存放高三一年近十张复盘反思表。

班会活动形式：

高三学年：

1. 每次大考前，将前一张"复盘反思表"发还学生，让学生重温自己上一个月设立的目标、计划，临考前看看上个月各科考后的反思，提醒自己：这次考试不能再犯同类"技术性"失误。

2. 成绩出来后，发下新的一张"复盘反思表"。学生复盘这一个月的学习状况、考试心态，总结成功经验，反思失误原因，在此基础上制定下一阶段的目标。

3. 班主任批阅后，挑选出复盘反思到位、目标切合实际及行动规划具体可行的表格，请它们的主人在班会课上与大家分享。

如此循环，直到高考前的最后一次模考。

6月初，学生即将踏上高考的考场，在他们高中的最后一堂班会课上，将高三这一整年的"复盘反思表"文件袋发还给学生。学生翻看自己一年来的奋斗记录，看着自己的成长与进步，整理心绪，告诉自己：高考，我准备好了！

班会活动反思：

"复盘反思表"对于高三学生特别有效，越是认真填写的学生，最终越是能考出理想的成绩。所以，班主任要反复提醒学生认真反思，也要细心替学生收藏相关反思表。

六、谈谈情，说说爱

班会活动背景：十六七岁正是懵懂的年岁。高二上学期，学校会开展为期一周的井冈山社会实践，这一周常常是爱情的"高发周"。为防止"实践周"变成学生的"恋爱周"，使学生树立正确的爱情观，特举办本次班会。

班会活动主题：谈谈情，说说爱。

班会活动目的：

1. 引导学生树立正确的爱情观；

2. 引导学生在"对"的时间，做出"对"的选择。

班会活动准备：

1. 班主任准备班会课件；

2. 学生在"心语本"里与班主任分享自己的爱情故事、爱情观；

3.请两组家长各制作一段 5 分钟以内的视频，说说"父母的爱情故事"。

班会活动形式：

本次班会活动由两节班会课组成。

第一节班会：班主任主讲"什么是爱情"。

第二节班会：学生、家长分享"我的青春，我的爱"。

班会活动过程：

第一节班会：什么是爱情

1.导入

班主任以元好问名句"问世间情为何物，直教人生死相许"导入，引出本节班会主题——谈谈情，说说爱。

《诗经》有《关雎》，《圣经》有《雅歌》。爱情在古今中外的文学艺术作品中都是永恒的题材。那么爱情究竟是什么呢？

2.什么是爱情？

（班主任在 PPT 上与学生分享下面的故事和感悟。）

【故事】

有一天，柏拉图问他的老师苏格拉底：什么是爱情？

苏格拉底叫他到麦田去走一次，不要回头，在途中要摘一束最好的麦穗，但只可以摘一次。

柏拉图觉得很容易，充满信心地去了。过了很长时间，他却垂头丧气地出现在老师跟前，诉说空手而回的原因：好不容易看见一束不错的，却不知道是不是最好的，因为只可以摘一束，不得已只好放弃，想再看看有没有更好的。走到尽头时才发现手上一束麦穗也没有。

这时，苏格拉底告诉他：这就是爱情！

心理学家艾瑞克·弗洛姆在《爱的艺术》一书中提及，爱情包含着关怀、责任、尊重、理解。他说，愿意去爱人，是每个人天生的深情大愿；但如何去爱人，亦即爱人的能力，却需要后天的学习。

此环节设计目的：

直面爱情，让学生明白爱情是人世间最美好的情感，并不是羞于启齿的事。要引导学生思考本节课的主题——什么是爱情。

3. 班主任的青春恋歌

班主任以茶比喻爱情，分享自己无疾而终的高三的"早恋"，以及对爱情的感悟。

【感悟】

爱情，无论何时发生，从审美的角度看，它肯定是美的。人生如茶，茶有清香，味却多种。喝的是同一道茶，品出的却不一定是同一道香。情窦初开的青春少年，若要品这道"茶"，何苦拦着他？又如何拦得了他？甜也罢，苦也罢，个中滋味只有他自己最清楚。否则，他如何晓得这"茶"不可轻易去品？"茶"可"品"，但不能"喝"，虽是茶，喝多了也是会"醉人"的。这一醉，醒不醒得了，可就不由饮茶人决定了。万事都有个"度"，品茶人要掌握好这个"度"，看人品茶的人也要拿捏好这个"度"。青春期的爱情，就让青春期的人去品。是"好茶"，何时品都是香的。不是"好茶"，长大了再品也依然苦涩。青春期的爱情与谁有关系？我说，只与当事人有关。

我的"醉茶"、我的悟……

此环节设计目的：

拉近师生距离，点明青春期的爱情并不是"洪水猛兽"，"爱"本就是美的。但在错误的时间遇到"爱"，最终留下的只有遗憾。

4.给全班女生的故事——女孩最需要的是什么？

【故事】

与邻国交战，亚瑟王子被俘，邻国的国王问了他一个问题，如果一年内不能给出答案，亚瑟就会被处死。这个问题是：女人最需要的是什么？

学生思考、交流。学生会有各式各样的答案，先让男生回答，然后再请女生回答。之后继续讲述。

王子归国后，问了公主、牧师、智者，问了很多人，但没有一个令人满意的答案。

有人说有一个女巫要价很高，她无所不知。

在期限的最后一天，亚瑟别无选择，去找女巫。女巫答应回答问题，条件是要与王子最要好的朋友、英俊的加温结婚。

女巫驼背，一口黄牙，相貌丑陋，还散发出一股难闻的味道，王子拒绝了，但加温同意了，他要拯救朋友。

于是女巫回答了亚瑟的问题：女人真正想要的是主宰自己的命运。

每个人都立即知道了，女巫说出了一个伟大的真理，亚瑟得救了。

来看看加温和女巫的婚礼吧。

加温表现出一如既往的谦和，而女巫行为恶俗，让所有的人都很不舒服。

夜晚，加温坚定地走进新房，但他看到的是一个美女。美女说，她在一天中，一半时间表现可怕的一面，另一半时间表现美丽的一面。她让加温选择，想让她在白天和夜晚分别表现出哪一面呢？

多么残酷的问题呀！如果你是加温，会怎样选择呢？

学生思考、交流，请男生回答后继续讲述。

加温没有做任何选择，只是对他的妻子说："既然女人最想要的是主宰自己的命运，那么就由你自己决定吧。"

于是女巫选择白天、夜晚都是美丽的女人。

班主任给全班女孩的话：女孩最需要的是主宰自己的命运，自尊、自爱、自强，最终才会赢得他人的尊重！

5. 给全班男生的故事

讲述秦始皇、李白、苏轼、岳飞、周恩来、迈克尔·杰弗里·乔丹等古今中外优秀男士的故事。

请学生思考：优秀、成功的男士应该具备哪些品质？在学生的思考、交流、回答中，班主任将一些特质板书在黑板上：有梦想、敢为、豁达、智慧、有毅力、豪气、激情、有风度、幽默、浪漫、孝顺……

请男生对照一下，看看自己在哪些方面还需要完善。

此环节设计目的：

用故事和成功的范例，给女生、男生提出要求。同学们对照之下会发现现在的自己离"优秀""成功"还太远，所以，要在"正确"的时间，做"正确"的事情。

6.第一节班会结束语

本节班会，班主任与同学们"谈谈情，说说爱"，分享了自己对爱情的思考。来而不往非礼也，请同学们本周在"心语本"上，也与班主任"谈谈情，说说爱"。期待同学们的故事。

第二节班会：学生、家长分享"我的青春，我的爱"

1.班级学生的"心语"分享

（课前班主任阅读全班同学的"心语"，挑选出三篇，并请这三位同学做好准备，班会课上与大家分享自己的"爱"与"悟"。）

2.班主任在PPT上分享往届学生的"心语"，并点评。

此环节设计目的：

同龄人"爱的经历"和"爱的感悟"，更能引起学生的共鸣，更容易被学生接受。

3.播放两段由班级同学家长录制的"父母的爱情故事"视频。

此环节设计目的：

我们的父母也曾年少，他们也有魂牵梦萦的"爱情故事"。他们由恋人变成了夫妻，从风花雪月走进了柴米油盐。这些视频就是要告诉学生：爱情，是一生的责任，一生的相守。

4.什么是婚姻？

上节课给同学们分享了柏拉图的故事，他问他的老师苏格拉底："什么是爱情？"这故事还有下半部分——

【故事】

柏拉图又问他的老师：什么是婚姻？

苏格拉底叫他先到树林里砍下一棵全树林最大、最茂盛的树，其间同样只能砍一次，同样只可以向前走，不能回头。

柏拉图照着老师的话做了。这次，他带回一棵普普通通、不是很茂盛也不算太差的树回来。老师问他："怎么带这么一棵如此普通的树回来？"他说："有了上一次的经验，当我走完大半路程还两手空空时，看到这棵树也不太差，便砍了下来，免得错过以后什么也带不回来。"

老师说："这就是婚姻。"

此环节设计目的：

让学生初步认识"爱情"与"婚姻"的关系：在"对"的时间遇到"对"的人，然后与对方相守一生。

5."谈谈情，说说爱"系列班会的结束语

你是学历史的，你应该懂得：一个国家强大了，其他国家都会来与你示好；一个人强大了，别的人都会来跟你建立友好关系；一个男人强大了，好女孩自然会来找你。所以，不要为无法赢得一个人的心而懊恼，首先应该做的是加强自身建设，提升综合实力！

——班主任写给多次恋爱受伤的男孩

爱情实在是有太多喜悦和伤悲了。这么磨人的事，放在学业繁重和心理承受力尚弱的中学时代实在不合时宜。每个人都渴望拥有美好的爱情，可在令人眩晕的爱情面前，只有拥有自己，才能把握别人。一个连自己都不爱或不懂如何自爱的女性，又怎能奢望他人的爱呢？女性总是感性的，可理性对于一位女性安身立命来说也非常重要，懂得自立、自信、自爱，幸福会来的。

——班主任写给全班女生

班会活动反思：

学生在成长中，不可避免地会遇到爱情。传统的方法是"堵"。堵，本身有着潜在的后遗症——对孩子情感的否定，并不能帮助孩子形成对爱情的正确态度。教育不但应帮助孩子学会生存，还应帮助孩子学会做人、学会生活，让他们从懵懂无知走向明理识体，由迷惑无助走向自省独立。

所以，我要与我的学生"谈谈情，说说爱"。

当我开诚布公地与大家分享了我高三那场让自己错失梦想的"爱情故事"后，学生放下了内心的戒备，愿意与我分享他们那不会轻易与师长分享的"爱情故事"和"爱情观"，这种被信任的感觉，让我感受到莫大幸福的同时，也感受到了莫大的责任——这节"爱情课"在高中时代太重要了，孩子们太需要相关的引导了！

七、岁末，我们设计人生——高二（11）班主题班会

班会活动背景：

1.有什么样的目标，就有什么样的人生。人生要有目标，目标使理想变得具体而明确，让人生变得紧张而充实。人生要有追求，追求可以使人生多姿多彩，可以让人生境界更高更远。在2007年的岁末，在同学们还有一年半将迎来人生一大重要挑战——高考的时刻，让同学们为自己设计人生是非常必要的。因此，我们利用班级岁末迎新活动，举行一个主题深刻、寓意深远、具有前瞻性的"设计人生"主题班会。

2. 2008 年，对于中国来说注定是不寻常的一年。2008 年，对于高二（11）班的 23 位同学来说也是一个值得铭记的年份：同学们 18 周岁，成年了。此次班会将为这 23 位同学举行一个隆重庄严、极具文科班特色的"成人仪式"。

班会活动主题：设计人生。

班会活动目的：

借助本次活动，加强同学与同学、学生与老师之间的感情交流，为高二（11）班的培养目标（学会做人、学会求知、学会健身）注入更深刻的内涵，进而激发同学们的学习热情，落实班会活动"立德树人"的教育目标。

班会活动时间：2007 年 12 月 29 日下午。

班会活动地点：深圳实验学校高中部舞蹈教室。

班会参会人员：高二（11）班全体同学、前来观摩的学校领导及班主任。

班会活动准备：

1. 班主任

构思整体活动，请学校书法老师在红纸上写好对联及成年誓词。

将高二（11）班的"成人证书"过塑。"证书"为红色的 A4 纸，正面为"誓词"，反面为该学生的手印、本人签名及时间。

准备好背景音乐。

预先购买一个巨型蛋糕，上面立起一个大大的"2008"。

2. 班级美术组

在两张拼起来的 4 号白色图画纸上画一株桃树的枝干，并在枝干上、桃树下贴上几朵粉红色的桃花，预留 45 根枝干用于活动中同学们贴"桃花心愿"。

在四张 4 号粉红色的图画纸上，用记号笔抄写背景音乐 *Anywhere Is* 的歌词。

负责套取 23 位同学的手印，并督促签名。

3. 全班同学

每人用一半的粉色 A4 纸对折后剪成桃花形，内写自己的本学期期末考试目标、高考目标、人生目标，外写本人姓名，然后用胶封边。在写姓名一面的背面贴上双面胶，班会活动中把各自的"桃花心愿"贴在桃树枝上。

每人准备一份包装好的新年（成人）礼物。

4. 活动主持：双双、聪聪、班主任徐怡华

5. 音效控制：小辉

6. 现场钢琴伴奏、效果：小庄

7. 活动调控：壹壹、小琳

8. 12 月 29 日舞蹈教室的布置

前玻璃墙布置如下：

正中："桃树"，"桃树"之上是横批、两旁是对联。

上联：许愿今日，政史少年挥斥方遒

下联：相约十年，实验英才指点江山

横批：桃之夭夭

左前方是班旗；活动白板上贴"成年誓词"。

两侧的两面大窗帘布上贴 4 张粉红色图画纸，上有 *Anywhere Is* 的歌词。

在教室二分之一处的地上放上啦啦队的"金穗"，用以分割学生和观摩的老师。

活动时学生面向"桃树"呈 U 字形席地而坐。

钢琴摆放在前门旁。

班会活动过程：

本次活动分为两个部分：第一部分为"设计人生"；第二部分为成人仪式。

第一部分：设计人生

（音乐循环播放。同学们手执各自的"桃花心愿"、新年礼物，面向"桃树"呈U字形，席地而坐。音乐停，双双、聪聪上。）

1.开场引言

双双（以下简称"双"）：生命对每一个人来说只有一次，我们不能延长生命的长度，但我们可以增加生命的宽度。

聪聪（以下简称"聪"）：如何才能增加生命的宽度呢？有什么样的目标，就有什么样的人生！

双：下面是一组著名的调查数据：

美国哈佛大学曾在他们的应届毕业生中进行了一次关于人生目标的调查，结果发现：

3%的人有十分清晰的长远目标；

10%的人有清晰但比较短期的目标；

60%的人只有一些模糊的目标；

27%的人根本没有目标。

25年后，哈佛大学再次对他们做了跟踪调查，结果十分令人吃惊！

那3%有清晰长远目标的人，大都成了社会各界的精英、行业领袖；

那10%有清晰短期目标的人，大多成了各专业各领域的成功人士，生活在社会的中上层；

那60%只有模糊目标的人，大部分生活在社会中下层，事业平平；

那 27% 根本没有目标的人过得很不如意，没有稳定的工作，入不敷出，常常抱怨社会，抱怨政府。

能够从哈佛大学毕业的学生，智商绝对没问题，是什么导致了他们如此大的差别呢？调查者得出的结论是：智商绝非决定成就的关键，拥有清晰的目标才是有所成就的关键！

聪：美国还做过另一项访问调查，受访者都是社会各界的精英，访问的问题是："你认为什么是决定你一生成就的聪明的行为？" 71% 以上的受访者回答："一生只做符合自己目标的事情就是聪明的行为。"

以上两个调查研究的结论是，清楚地写下人生目标，规划详细的行动计划，一生只做符合目标的行为，这就是成功者成功的秘诀。

双：有什么样的目标，就有什么样的人生！今天，2007 年的岁末，我们高二（11）班的全体同学在这里为自己设计人生！

下面先请班主任徐老师给我们谈谈怎样设立并实现人生目标。

2. 怎样设立并实现人生目标？

班主任：人生应有目标！

中华人民共和国第一任总理周恩来年仅十二岁时，面对校长"你为什么读书"的提问，便做出了"为中华之崛起而读书"的庄重承诺。周恩来是国人的典范，生活在今天的我们，又该如何来设立人生目标呢？

（稍停，听同学们的回答。）

我认为，一定要"量身定做"。如何"量身定做"呢？给大家举个例子，就是我啦——

同学们与我相处有一段时间了，对我有一定的了解了，你们猜猜我给自己定的目标是什么？

（稍停，听同学们的猜测。）

我的人生目标是：做到"四好"！于父母，做个孝顺的好女儿；于丈夫，做个贤惠的好妻子；于女儿，做个称职的好母亲；于学生，做个用心的好老师，即好女儿、好妻子、好母亲、好老师。

我一直认为，只有事业的人生是不完美的。人生需要有所攀附，事业需要亲情的依托。或许，我的目标并不崇高。但要真正做到这"四好"，也绝非易事！我将穷我此生来追求这属于我的人生目标！

双：好女儿、好妻子、好母亲、好老师。徐老师的"四好"实现了没有，作为学生的我们并不完全知道。但有"一好"我们是能感受到的，就是"好老师"。

（同学们开始鼓掌。）

其实，现实中有许多人都立下了人生目标，但并没有成功，这是为什么呢？

聪：记得徐老师在9月写给我们和家长的"家校信"中讲过这样一个小故事：一位曾不被看好的日本长跑运动员，竟多次取得世界马拉松比赛的冠军。他在比赛时的秘诀是把全程分解成若干段。40多公里的赛程，被他分解成一个个的小目标，于是就轻松地跑下来了。

双：我记得那封信！其实，人生也是一场马拉松！我们应该向这位长跑运动员学习，把一个大目标科学地分解为若干小目标。

班主任：确实如此，为了实现你们的大目标，不妨给自己设立一些小目标：一年半后的高考、半个月后的期末考试……

新年即将到来，在这辞旧迎新的日子里，我们班美术组的同学们给大家设计了这个极具中国喜庆特色的"前庭"。现在，同学们，请捧起你自己书写的"人生目标"，郑重地贴在这棵"许愿树"上。

3.同学们郑重地贴目标

（同学们依次起立，走向桃树，郑重地贴上"桃花心愿"。音乐轻轻响起，直到全班贴完。同学们贴毕，回原位坐下。）

班主任：这是密封了的"目标"，同学们将"目标"写进了花心中。

4.一生之约

（最后一个同学归位，音乐停，全场寂静。徐老师在同学们的注视下，也郑重地贴上自己的"人生目标"。退回，站立，默默地注视桃树，稍停……）

班主任：此刻，站在桃树下，我想到了三个词：桃花、桃符、桃李。这满树的桃花，犹如当下的你们；这满树的桃花，是岁末年初你们祈福人生的桃符；这满树的桃花，来年将结出满树的桃子，这是你们送给我的最好的人生礼物！

这一刻，我有个计划：我们将在一年半后高考成绩揭晓时拆封桃树上的"人生目标"。到时，我们一起看看，我们是否靠近了我们在2007年12月29日所设计的人生目标。之后，我会把你们的"花瓣"珍藏起来。我们来个十年之约、二十年之约，到时候我们再来看看，我们是否实现了我们的"人生目标"。我甚至觉得，我们可以来个一生之约。那时，头发花白、满脸皱纹的我，看着事业有成的你们，那一刻，将会是当老师的我此生最幸福的时刻！

（同学们以掌声应和。）

双：十年之约，真是一个绝妙的计划！同学们，请用我们最热烈的掌声告诉徐老师：我们约定了！同学们，请记住今天：2007年12月29日。请记住我们与徐老师的十年之约！

聪：写下人生的目标，许下美好的心愿。藏于恩师，相约十年；再聚母校，揭开心愿。这是一个甜蜜的约定；这是一个催人奋进的约定！

（同学们以掌声应和。）

5. 游戏：心理测试

（请全体同学回答三道有关未来、职业的心理测试单项选择题，将答案写在纸上。每道题念完后，同学们即在纸上写出选项，高举。然后主持人宣布选项的含义。每个含义后接一串诙谐的钢琴音符。壹壹负责给每人发一张纸，每人事先带一支笔。）

第二部分：成人仪式

1. 开场引言

聪：2008 年，对于中国来说注定是不寻常的一年！

双：2008 年，对于高二（11）班来说注定是喜庆的一年——焦老师要当妈妈了，黎老师要成新娘了，张老师要涨工资了……

聪：2008 年，对于高二（11）班的 23 位同学来说注定是一个值得终生铭记的年份：他们 18 周岁了，成年了！

双：在这即将跨入 2008 年的时刻，我们高二（11）班为这即将成人的 23 位同学举行一个隆重庄严、极具文科班特色的"成人仪式"。

聪：请 23 位同学起立！请徐老师颁发"证书"。

（壹壹推出上贴誓词的白板，放在桃树前。音乐起。）

双：这"证书"正面是高二（11）班的成年誓词，反面是每一位的手印及签名。

聪：下面让我们以热烈的掌声欢迎这些成年人上台，他们是：×××……

（同学们热烈鼓掌。聪聪、双双两人交替逐一念名字。被念到名字的同学上台，鞠躬，双手接过徐老师递来的"证书"，再向观众鞠躬，然后面向白板，排成两路纵队。）

2. 宣誓

聪：请徐老师和全班同学监誓，由慧慧领誓。

慧：高二（11）班成年誓词：

弱冠既加，如之栋梁。道义不辞，大任始承。

吾将修身，一时不怠。慎明志，申大义，安于道，达于仁。

吾将齐家，一日不怠。尊鳏寡，悯孤弱，谐邻里，倡博爱。

吾将治国平天下，一世不怠。振中华，扬国威。立壮志，终如一。

红日初升，其道大光。今之明誓，天地共鉴。

宣誓人：×××

2007 年 12 月 29 日

3. 互赠礼物

班主任：2008 年的钟声越来越近了，在这辞旧迎新的时刻，请我们班的成年人与未成年的"小朋友"互赠新年礼物，彼此送出最真挚的新年祝福。

（音乐起，音量渐大。互赠礼物，拥抱。推出蛋糕，蛋糕上有"2008"字样，事先插上 45 根蜡烛，全班同学一一上前，点燃蜡烛，之后归位坐下。等全体同学坐好后，音乐声渐轻。）

双：不知不觉中，44 个人，不！还有我们班主任徐老师，应该是 45 个人、45 颗心，已经从陌生走向熟悉、从相识走向相知。

聪：120 天、2880 个小时，我们一起走过了初秋的井冈山，走过了激动的校运会。

双：携手走进岁末，我们许下人生的目标，我们定下十年之约。

聪：携手走进岁末，我们将告别昨天的稚嫩，迎接明天的成熟。

双：携手走进岁末，我们用心送给彼此新年的祝福！

聪：相聚是一种缘分，让我们将这缘分升华！

双、聪：相聚是一种恩赐，让我们对恩赐回以报答！

（音量变大。）

双、聪：高二（11）班主题班会"岁末，我们设计人生"到此结束。谢谢各位来宾！

班会活动反思：

此次班会因为准备得精细到位，学生参与度高，所以效果非常理想。这样的仪式使学生自觉地将高中阶段的学习与个人的长远人生规划联系起来，从而培养了学生认识自我、设计自我、调控自我、评估自我的能力。

这次班会是全校的示范班会，因为要达成"示范"的要求，所以班会前期的准备工作相当多、相当细致。

八、考试经——深圳一模考前动员

班会活动背景：一模马上就要到了，这是高考前第一场参考人数如此众多的考试，也是一场与高考的成绩关联度相对较高的考试。学生考前有焦虑情绪，班主任需要做考前动员，疏导学生的焦虑情绪。

班会活动主题：一模"考试经"。

班会活动目的：引导学生正确面对这场模考，调整好考前、考中、考后的心态。

班会活动准备：班主任准备班会课件，编写《考试经》，录制《不怕歌》。

班会活动形式：班主任主讲，学生参与，一起唱歌。

班会活动过程：

1. 引入：

(1) PPT 展示历年深圳一模各科试卷的图片。

(2) 深圳一模就要到，华姐编段考试经，助你轻松拿下它。

2. 考试经：

考啊考，分是宝，学子们，离不了。

——要想当个好学生，考试一定要考好！

考高分，有技巧，审题准，最重要。

——瞄准靶子再射击，百发百中成绩高。

遇熟题，莫大意；遇难题，不丧气。

——我难人难不畏难，我易人易不大意。

选择题，抓题眼，一遍对，最重要。

——不会做的标出来，回头检查消灭掉。

主观题，有技巧，边读题，边思考。

——思路提纲列准了，然后作答晚不了。

第一问，最重要，有偏差，不得了。

——各问关系明确了，基本分数保住了。

规范化，很重要，会的对，对而美。

——阅卷老师高兴了，分数高得不得了！

考一科，放一科，下一科，才会好。

——考后严禁对答案，专心备考成绩好。

考后分，下来了，得与失，都是宝。

——好题错题细研究，得失利弊要计较。

讲评课，听好了，找门道，细推敲。

——老师一堂讲评课，点石成金升华了。

考试经，莫看轻，窗户纸，一点通。

——每次考试总结了，高考一定能考好！

此环节设计目的：

班主任打着快板唱诵《考试经》，之后逐条进行讲解，目的是在深圳一模前再次强调考试的基本思路和面对考试的基本态度。因为"考试经"本属"老生常谈"，所以用快板唱诵的新模式，更容易引起学生的注意。

3. 幽默，亦是一种心态

即将参加深圳一模的你不妨唱着华姐改编的《不怕歌》进考场。以下是《不怕歌》歌词：

Hello！看我！

你在害怕什么？

深一模，没能够啊，

把习题做得很熟。

考试，那么多，

已经不怕再考。

没什么，考过以后，

我会练成无敌神功。

看见试卷，我不怕不怕啦！

我信心比较大，不怕不怕不怕啦！

胆怯只会让自己更疲惫，

麻痹也是勇敢表现。

题不会做也不怕不怕啦！

对错无所谓，

不怕不怕不怕啦！

空白再多我就当看不见，

答案一定就快出现。

（播放班主任自己唱的、事先录制好的《不拍歌》音频。一遍后，学生跟唱。）

此环节设计目的：

用轻松的旋律、诙谐的歌词，缓解学生考前的紧张情绪。

4.班主任结束语：

预祝同学们模考成功！

班会活动反思：

这是一节轻松欢快的班会：班主任打着快板唱诵《考试经》，新颖的形式、幽默的词句，让学生的情绪一下子被调动起来了。班主任改编的《不怕歌》，欢快的旋律、诙谐的歌词，将整节班会推向高潮。

本节班会最重要的一个环节，就是让学生大声跟唱《不拍歌》，大声地、放纵地歌唱，能消弭紧张、焦虑的情绪。这是考试前放松的一种非常有效的方式。

九、如果兔子奔跑，乌龟怎么办——高考倒计时100天的"日清单"

班会活动背景：

独行快，众行远。高考，既需要个人撸起袖子加油干，也需要班级的氛围、集体的力量。

高考倒计时 100 天，如何让全班同学比学赶帮、斗志昂扬地度过最后的冲刺阶段？

班会活动主题：高考倒计时 100 天的"日清单"。

班会活动目的：最后的 100 天，让全班同学亮出自己每天的学习计划，让同学们相互监督，相互借鉴，相互鼓励，全班一起向前冲！

班会活动准备：班主任准备班会课件、购买"日清单"（纸张）

班会活动形式：本次班会活动分成两部分。

第一部分：班主任课件展示、讲解；

第二部分：学生填写本周的"日清单"——每日的学习 / 复习任务清单。

班会活动过程：

第一部分：班主任课件展示、讲解

1.从《龟兔赛跑》的班会引入

班主任：同学们是否还记得我们曾经上过一次讲《龟兔赛跑》的班会？那次的班会课上，我们讲了四场龟兔赛跑的故事。第二场比赛，兔子汲取了第一场比赛失败的教训，所以比赛一开始，兔子就一路奔跑，最终轻松地拿下了比赛。

那么，如果兔子奔跑，乌龟该怎么办？兔子存在的意义是什么？

（同学们讨论后，班主任请同学发言。）

2.PPT 上的图片：奔跑的双脚

距离 2018 年的高考已经只剩 100 天了，同学们想要超越，只能更加努力、奋力地奔跑。幸好，还有 2018 届（12）班的小伙伴，一起奔跑。

3. 播放一段雁群空中飞行的短视频

班主任：大雁飞行为什么会排成"人"字形？

（同学们讨论。）

班主任：在现有的关于大雁"人"字形编队的解释中，"省力"的解释流传最广。事实上，这个解释还停留在假说阶段。目前为止，还没有确凿的证据来支持它。但是这种编队形式确实有好处。一些鸟类学家称，大雁的眼睛分布在头的两侧，每只眼睛可以看到从正前方到斜后方的一个很大角度的范围。这与这些大雁编队飞行的极限角度相一致。换句话说，每一个在编队里飞行的大雁都能看到领头雁，而领头雁也可以看见全部编队成员。因此，这些鸟类选择"人"字形至少有一个确定的理由：在编队飞行中，每一只鸟都能看见整个编队，从而能够更好地进行相互交流或者自我调整。

4. PPT 上的图片：日清单

班主任：第二场龟兔赛跑的故事、"人"字形大雁编队的情形给我们的启示：

为了圆梦 2018，我们应该——

拟定任务清单，日清日毕；相互交流，相互监督，自我调整。

拼搏，让我们与众不同；坚持，让我们梦想成真。

（班主任介绍日清单的拟定原则、展示方式。）

第二部分：学生拟定、填写本周的"日清单"——每日的学习 / 复习任务清单

班会活动反思：

本节班会课首先让学生阅读班主任精美的班会课件，观看相关视频，思考空中的雁群"人"字形编队的原因，启发学生理解

"团队"在雁群飞行中的作用。

最后让学生拟定自己百日冲刺的"日清单"。

本节班会课的亮点在班会课后：

每周每人"日清单"的张贴、每天每人"日清单"的落实（在完成的清单项目后面做标记），这都是同学们及班主任、任课老师关注的焦点。如此，全班成为一个比、学、赶、超，如雁群般一起奋力向前飞行的团队。

每周结束后，班主任将本周的"日清单"收回，直到高考前的最后一个周。到那时，再将全部"日清单"发还给每个同学，充满仪式感地告诉同学们：高考，我们准备好了！

十、祝福——高中最后一个班会

班会活动背景：这是学生高中阶段的最后一个班会，还有两天，同学们就要进入高考的考场了。为了这场考试，我们已经准备了整整3年，现在是我们轻装出发的时候了。临行前，送上父母、老师深情的祝福。

班会活动主题：高考前的祝福。

班会活动目的：高考前的最后一次心理辅导。

班会活动准备：

1.班主任准备：班会课件，取出每位同学一年前写给自己的信件和高三一整年的"复盘反思袋"；

2.家长准备：一张全家福照片，手写的给孩子加油、祝福的话语（也可以准备录音、小视频）。

班会活动形式：班主任主讲，学生情感体验。

班会活动过程：

1.PPT上的图片：建班第一天黑板上的签名

班主任指着PPT说：这是我们建班第一天集体创作的第一个"作品"，今天，在我们即将离开这个班级的时刻，让我们再次在我们熟悉的黑板上留下我们最后一个"作品"。

班主任转身，在黑板上写下：

三年前，缘起花开。

三年后，缘未尽，花盛开。

（班主任在黑板上签名。）

本节班会的最后，请我们班的所有任课老师和同学们，如建班第一天一样在黑板上留下自己的签名。

此环节设计意图：

凡事有始有终。3年前，我们有个"建班仪式"；3年后，我们也应有个"散班仪式"。

2.PPT上的图片：宇宙星球

（PPT上出现太阳系中各行星按体积从大到小排序的图片。）

小小地球何其小，不比不知道，一比吓一跳，比过之后请思考。

以上是太阳系行星的体积比例图，在太阳系之外，还有一个广袤的宇宙。

（PPT上出现天狼星、北河三等体积按比例排序的图片。）

在这个比例图上，木星只是一个像素，地球则无法显示。

（PPT上展示更大范围的星空图。）

而在这张比例图上，太阳只是一个像素，木星则无法显示。

那么，请你想想：自己在宇宙中有多大？而你的那些心事又有多大？

也许你会认为人类是强大的，认为人类的智慧是无边的，认为人类能创造出至高的科技，认为地球人在宇宙中是独一无二的……也许你觉得我们的地球有着与生俱来的免疫力，地球有约5.1亿平方千米……

（PPT上出现2004年由Cassini-Huygens宇宙飞船在接近土星光环时所拍摄的照片。）

在这张照片上，地球仅仅是个渺小的蓝点。

我们人类都生活在这个小蓝点上——一切文明、生命，所有的国家和民族，60亿的地球人啊……放在宇宙中，我们人类是如此渺小，我们的问题微不足道！

此环节设计意图：

①让学生体会"大"与"小"，让他们胸怀大志，不必坐井观天；

②缓解学生考前紧张的情绪。

3.PPT上的图片：同学们的"复盘反思袋"

（班主任将高三这一整年的"复盘反思袋"发还给学生。学生翻看自己一年来的奋斗记录，体会自己的成长与进步，整理心绪，告诉自己：高考，不过是又一次大考而已！）

全班同学齐喊：高考，我们准备好了！

此环节设计意图：

用学生自己的成长记录——10张"复盘反思表"，给学生一种强烈的心理暗示：高考，我已经准备好了！

4.来自家长的祝福

（PPT上依次出现每一位学生和家长的合影，以及家长手写的祝福或视频。祝福写在船形的便利贴上，班会课前已张贴在教室的后墙上。）

班主任寄语：

所有的努力都有回报，所有的汗水都有收获，所有的祈盼都有奇迹，所有的小帆都将远航。

此环节设计意图：

①用家长的祝福，缓解学生考前的孤独和紧张情绪；

②让家长隔空参与我们最后一次班会，缓解家长的焦虑情绪。

5. 来自一年前自己的祝福

一年前的今天，同学们给即将奔赴考场的今天的自己写了一封信，还记得当时写了什么鼓励自己的话语吗？

（分发学生一年前写给自己的信件。预留学生重新阅读信件的时间。）

此环节设计意图：

用学生一年前自己的祝福，给今天的自己加油。

6. 来自班主任的祝福

（班主任给每位同学准备了透明考试袋，上面系着红色粽子挂件。高考期间，适逢端午节，送上粽子挂件，寓意"高中"。同学们逐一走上讲台，双手接过班主任送出的考试袋。）

班主任说：××同学，加油！

全班同学齐喊：××同学，加油！

发完考试袋，全班同学和老师齐喊：实验，加油！高三（11）班，加油！

（班会最后，全班同学和任课老师一起到黑板上签名，共同创作本班最后的"作品"。）

班会活动反思：

本节班会是学生高中学段的最后一次班会，且每个"祝福"

都比较煽情，所以班会期间孩子们的情绪相当激动。特别是阅读自己一年前信件的时候，很多孩子用颤抖的双手轻轻撕开胶封的信封，泪水控制不住地流下来。在情绪上，班主任需要适当调控。

第二节　家校共建

一、致高一新生、家长的第一封信

此信背景：9月1日，高一新生报到第一天。学生、家长、班主任各自都有急切希望解答的问题：学生既兴奋又茫然，他们问："面对新学校、新同学、新老师，我该怎样做个高中生呢？"家长既开心又紧张，他们想知道，在孩子第一次住校、面对新的老师和课业时，家长如何"进阶"，做一个合格的高中住宿生家长呢？班主任希望尽快了解学生及家长的相关信息，以便开展工作。

此信目的：让学生、家长及班主任三方初步相互了解。

高一(4)班的同学、家长：

你们好！祝贺您成为深圳实验学校高中部高一（4）班的同学／家长！欢迎您／您的孩子来到高一（4）班学习和生活！

各位家长，我是高一（4）班的班主任徐怡华，我将会伴随您的孩子走完高中三年的求学之路。作为班主任，我非常重视家校间的联系与配合，故在孩子迈入高中的第一天，利用这种书信的方式向您谈谈我的带班方式、教育理念，让您了解我的同时也希望您能配合我的工作，因为孩子的成功，是您和我的共同心愿！

有两件事希望各位家长配合、落实：

1.每月最后一个返家日，您的孩子将带回一封如此信一般的我的"家校信"。"家校信"，顾名思义，就是"家""校"间双向互动的书信。我将首先向您介绍国家、学校最新的政策及动向，给您一些我的教育意见和建议，此部分统一打印。其次，我将向您反馈您的孩子一个月来在校学习、生活的情况，此部分由我手写。然后，我也希望由您来告知我孩子在家的表现以及您对我或学校的意见等。您的孩子是我们之间的信使，他会将您的回函在周日返校时带回。请您记得我们之间每月的约定！

2. 我将建一个班级家长微信群，我会及时将学校的各种通知、班里的各种消息发到群里，每周会有"班主任的周末提示"，请您及时查收。

高中阶段的学习和生活将对孩子今后的幸福和成功产生至关重要的影响。高中是孩子成长的关键期，而高一正是这关键期的起点。因此，今天，在我们建班的第一天，我向本班的同学提出三个"学会"的要求：学会做人、学会求知、学会运动。

1. 学会做人——

"学优品优、成人成材"是家长对孩子的期望。这个期望不仅需"盼"，它更需要"做"。"成人"是终极、复合目标，因为它涵盖"学优、品优、成材"的目标，其中"做人"是它的核心。

诠释"人"字结构，通俗的说法是"相互支撑"。但我要问：是什么相互支撑？被支撑起来的是谁？——这是值得深思的空间结构的"人"。从另外一个角度观察"人"，那就是时间结构的"人"。"人"字的一撇伸向过去——这是叫你积累经验；"人"字的一捺指向未来——那是要你抱有理想。而"经验"和"理想"搭撑的时空正是"现在"。因此，从"现在"做起，也首先是做"人"。

有人做过统计，在全球500强企业中，近20年来，从美国西点军校毕业的董事长有 1000 多名，副董事长有 2000 多名，总经理或董事这一级的有 5000 多名。当今世上没有任何一家商学院能够培养出如此众多的顶级人才。为什么不是商学院而是西点军校？我们看一下西点军校对学生的要求：准时、守纪、严格、正直、刚毅。这些都是优秀企业的领导人应具备的基本素质，这些也是最基本的"做人"素质。

一撇一捺写个"人"，一生一世学做人，一点一滴修为人，一心一意书写人！学会做人，是我对同学们提出的第一个要求。

2. 学会求知——

学会求知，不仅仅表现在分数上，更重要的是养成正确的求知态度，掌握有效的学习技能。

"学习"的表象是什么？"学"就是搞懂，"习"就是做到。学一次，习一百次，才能真正掌握。"学好"的标志是什么？学、做、教是一个完整的过程，只有达到教的程度，才算真正吃透。更多的时候，学习是一种态度，只有谦卑的人，才能真正学到东西。

人才，毕竟高学历者居多。所以，选择了普高，即意味着选择了 3 年后的高考。所以，从今天起，同学们就应该为冲击高考，为努力考上好的大学做准备！学会求知，是我对同学们提出的第二个要求。

3. 学会运动——

学会运动是一种理念，是一种热爱运动、提高生命质量的理念。

健康的体质，这是"成人"的基础和前提。一个 15 分钟的晨会都会站晕过去的孩子、一个常常头疼感冒的孩子，如何应对高中高强度的学习和竞争？

运动，不仅能提升体质，还能打造意志。如学校每天的晨跑，开头几天同学们都表示没有问题，但能坚持吗？一个月？一个学期？一个学年呢？让运动成为一种习惯，既锻炼了身体，又锻炼了意志，一箭双雕，何乐而不为呢？

每天锻炼一小时，热爱或擅长某项体育运动，是我对同学们提出的第三个要求。

千里之行，始于足下，迈好高中第一步，至关重要！

愿同学们／您的孩子未来3年在深圳实验学校高中部的学习生活中，逐渐被锻造成有理想、有道德、有文化、有纪律的优秀青年！

高一（4）班班主任：徐怡华

2018年8月31日

（附：班主任、任课老师、生活老师的联系方式。）

（以下是家长回函，请沿虚线剪下。）

为了能及时、更好地开展工作，请您回答我的几个问题，谢谢您的配合。

1. 您是否是孩子的家长？

2. 您觉得您的孩子最大的优点是什么？哪些方面是您希望孩子在高中阶段好好提升的？

3. 您的孩子是否因身体／民族／宗教的原因在生活和学习上有特殊要求？

4. 高中的学生心智已开，他们有着强烈的好奇心，渴望了解更多的知识。其实您就是他们最好的老师！您愿意给我们班的孩子当一回老师吗？说说课本里没有的、学校学不到的东西，比如您的工作、您的故事。如果愿意，您的课程将会涉及什么内容？（形式不拘，欢迎创新）

5. 您对我的班主任工作有何意见和建议？

二、高一9月的信

此信背景：入学一个月了，学生感受到了初中和高中学习的差异，面对9科"火力全开"的课业有些力不从心了，急需老师的引导；家长对于一周只回家两天的孩子，在沟通、智能手机的使用等方面希望得到班主任的指导。

此信目的：给探索了一个月的学生一些高中学习的建议；给家长一些具体可操作的亲子沟通方法及手机使用建议。

高一（4）班的同学、家长：

你们好！经过一个月的高中学习和生活，同学们基本上适应了住宿的校园生活，一切都已步入正轨，一个团结向上、充满朝气的班级业已形成。

今天，利用家校信，我给同学们、家长们一些学习和家教方面的建议。

给同学们的建议——

最近两周的"心语"，同学们谈得最多的是作业完不成，时间不够用。

这是因为高中与初中相比，无论在课程设置、授课方式，还是教育、管理等方面均有较大的差异。高中课程知识量大，难度大，综合性、系统性强，教育管理模式逐渐向自律型转化。同时，迈进高中，即意味着3年后的高考。高考重在考查能力，这也加重了同学们的心理负担。所以，从初三到高一，对许多同学来说，不是一个坡，而是一座山！为了让同学们尽快适应高中学习，徐老师（好像同学们喜欢叫我"华姐"）在这里提出一些有关学习方面的建议。

1. 关于学习计划

同学们每天要学的内容多，作业量大，如果不分先后顺序和轻重缓急，就会手忙脚乱，本来能学好的东西也没学好。这就需要制订一个学习计划，每天运用计划促进学习，养成良好的学习习惯，减少时间的浪费。

每个同学的具体情况不同，计划也应该因人而异，但在制订计划时应注意以下几点：

（1）作业应该有时限。为了提高效率，在制订计划时，要适当给自己"压力"，对每一学科的预习、复习和作业要做到三限定，即限定时间、限定速度、限定准确率。这种目标明确、有压力的学习，可以使注意力高度集中，提高效率。同时，每完成一部分，都会让同学们有一种轻松感、愉悦感，同学们会更有信心学习下去。

需要指出的是，同学们在学习理科，特别是数学时，常常会遇到自己一时解不开的难题。我建议，若一道题超过10分钟还没有思路，可暂时搁置。你可以在题目旁边用铅笔注上没做的原因。这既节省了你做作业的时间，又让老师了解了你的问题，老师还可针对性地进行作业讲评。

（2）对照计划常反省。计划可以是一天的计划，如利用便利贴写下每天的"任务清单"，放在书桌上；也可以是一个阶段的，如"十一"7天的学习计划。计划一旦制订，就要雷打不动地完成。

若遇特殊情况，也应在次日补上。若完成得好可奖励一下自己，完成得不好可惩罚一下自己。这样，既有约束力又有可操作性，每天都会感觉自己在进步。

（3）公开学习计划。多数同学缺乏自我约束力，这样的同学在制订计划后，最好向家长、老师或室友宣布。这样做既是让他人监督自己，也会有被约束感。当自己懈怠时，马上就会想到，别人是否会笑话我没毅力？因此，咬咬牙就坚持下去了。

2. 关于"不懂就问"

"不会就学，不懂就问"，这是求学之道，许多人将是否好问作为学生成绩优劣的重要原因。但我发现，在成绩优秀的群体中，许多学生不爱发问；而在成绩欠佳的群体中，也有许多好问的学生。这说明，好问与成绩的优劣并不画等号。仅仅好问是不够的，还要会问！

通过对学生的观察，我发现这样的现象：成绩优秀和成绩欠佳的学生所问的问题不仅难度、深度不同，连问问题的形式也不一样。成绩欠佳学生的问题一般是请教式的，如"这道题怎么做？"而成绩优异学生的问题一般是征询式或质疑式的，如"我这样想对不对？""我这样做行不行？""如果……将怎样？""我这样理解错在哪里？""如果不……将会怎样？""逆推怎么出现了矛盾？"透过问的形式不难看到，征询式和质疑式的问题都是经过深思之后才提出来的，而请教式的问题则是浅尝辄止的问题。

所以，我不反对问，但更要努力培养自己独立思考的能力与习惯。提倡提出质疑式或征询式的问题，要先思后问。所以，我反对晚自习的时候同学间的发问。这样的发问既欠缺思考，又影响他人。

给家长的建议——

1. 周末多陪陪孩子

孩子在校住宿 5 天，周末很希望见到父母、亲人，说说学校的新闻、聊聊同学的趣事；很希望喝上一口"妈妈靓汤"，吃上一顿"爸爸大餐"。所以，无论工作再忙，请您周末多陪陪孩子。想一下，我们真正能陪伴孩子的时间也就只剩下这高中 3 年了。

2. 多与孩子聊聊天

许多家长有这样的感慨：孩子长大了，交流越来越难了。我在这里给认为与孩子交流困难的家长支个招，孩子周末回家您可以问他这样 3 句话：①这周有什么开心的事？②这周都学 / 做了什么？③有什么需要我帮忙的？

第一句是这周有什么开心的事？这其实就是让孩子关注正面信息，大脑搜索在学校发生的高兴的事，这样孩子就不会过多想不愉快的事情。这是一种正面引导。

第二句是这周都学 / 做了什么？这个问题的本意是让孩子对所学的东西进行一次复述，这也是一种复习和对抽象概括能力的训练。这种情景再现的方式在心理学中叫尝试回忆，可以让孩子对学习过程中的多个场景进行有效巩固、记忆。同时，这也是家长和孩子进行沟通的很好方式。

第三句是有什么需要我帮忙的？这句话给孩子的暗示是家长是他的朋友，是他最可信赖的人，遇到困难可以向爸妈求助。这样的问题让孩子心里感到踏实，让其在学校的不良情绪有个出口。许多时候孩子说出来了，很多事情也就过去了。一定要给他一个倾诉的机会。

3. 关于孩子的手机

若干年前，网上有一篇文章叫《美国妈妈与儿子使用手机的

"约法三章"》，推荐给各位家长，或许对您有所启发（文章略）。

一个通知——

10月15、16、17日是高一学生入校后的第一次阶段考试。年级有可能在下学期进行分班，阶段考试成绩将影响分班，请同学们在"十一"长假期间的休息之余好好备考，请家长予以关注。

祝家长、同学们国庆快乐！阖家幸福！

班主任：徐怡华

2018年9月30日

徐老师给你的悄悄话：

（以下是家长回函，请沿虚线剪下。）

_____同学的家长给徐老师的话：

_____

_____

_____

_____

三、高一10月的信

此信背景：入学两个月了，学生需要全面总结自己这两个月在学校的学习和生活；家长希望全面了解孩子这两个月在学校的学习和生活。

此信目的：用老师和学生共同参与表格填写的方式，实现教育与自我教育；及时发现问题，家校合力，一起找出应对策略。

高一（4）班的家长：

您好！不知不觉您的孩子已经在深圳实验学校高中部生活两个月了。在这两个月里，孩子们调适心理、培养兴趣、摸索方法、养成习惯，顺利地度过了初中到高中、走读到住校的磨合调试期。

现在向您简单汇报您的孩子9月和10月的情况，希望您认真客观地分析孩子的表现与成绩，鼓励他们跟自己的过去比，激励他们不断进步。

表一　_____同学在校表现情况（班主任填写）

	迟到		请假		违纪		学习态度			学习方法			住宿生活		
	无	有	无	有	无	有	很好	一般	较差	很好	一般	较差	适应	一般	较差
9月															
10月															

具体说明：

表二　学科测试情况

学科	很好	好	不理想	不理想原因（学生填写）
	（任课老师填写）			
语文				
数学				
英语				
物理				
化学				
生物				
政治				
历史				
地理				

各位家长，读完表一、表二后，若您急切希望与老师沟通，

可以直接与我联系。

祝各位家长安康！

班主任：徐怡华
2018 年 10 月 30 日

徐老师给你的悄悄话：

（以下是家长回函，请沿虚线剪下。）

- -

_____同学的家长给徐老师的话：

_____

_____

_____

_____

四、高一 11 月的信

此信背景：2021 年，广东省将开启新一轮的高考改革。2018 年秋季入学的学生，将于高一下学期确定 6 选 3 的选科。选科，对家长和学生都是一个崭新的课题。

此信目的：给家长和学生提供一些高考选科的参考建议。

高一（4）班的家长、同学：

本学期末同学们就要决定 6 选 3 的选科了，下学期学校将根据同学们的选科进行分班上课。选科，不仅牵涉高考，很大程度上还会影响孩子今后的发展。可是，从孩子们的"心语"里，以及学校第二次的选科意向调查来看，如何理性、"利益最大化"

地选科，至今还是许多同学和家长的困惑。在这儿，我分享一些我了解到的信息，以及我对选科的理解，仅供家长和同学们参考。

2021年的广东省高考有三大变革：高考志愿填报方式变化、高考赋分方式变化、大学录取原则变化。

变革一：高考志愿填报方式变化

以前是"学校＋专业"。

现在是"专业＋学校"。

以前是"志愿一：清华大学：热力学、建筑学"

现在是"志愿一：建筑学：清华大学、天津大学"

所以，专业倾向成了选科第一原则。高考可以填报5个专业，所以各位同学可以选择5个将来想学的专业，根据普通高校专业（类）选考科目（2021年广东高校招考目录还未出，目前只能参考其他省份），再去决定6选3。

根据《2019年拟在浙招生普通高校专业（类）选考科目范围》可知，选考科目要求范围为"不限"的，表示没有设限选考科目；要求为"1门""2门"或"3门"的，选考科目只要符合其中1门即可报考。也就是说，如果你要报考某个喜欢的专业，高考选考的科目中要至少有一门与该专业选考科目一致。

以浙江大学和中山大学为例。如果想报考浙江大学的医学试验班（预防医学），那么就一定要至少选择物理、化学、生物中的一门；如果是想报考"工科类"专业，那么一定要选考物理。中山大学的新闻传播类、经济学类等专业的选考科目是"不限"，也就是任意的选考组合都可以报考这个专业。不过，相对来说，可报考的学生范围大，竞争也大。

变革二：高考赋分方式变化

以前是卷面总分加和。

现在是排名赋分制（不含语数外）。

所以竞争原则成为选科第二原则。这是一场博弈，选科不一定能获得优势。因为依据"排名赋分制"，某一科目选择的人多不一定得分会低，而人少也不一定会获得优势。所谓"赋分制"，即如果你的成绩排在所有考生的前1%，那么无论你的卷面多少分，你的赋分都是100分；如果你排在20%—27%，不管你卷面考了99分还是1分，你的赋分都是85分。所以会出现如下三种情况：

①第一名的考生，卷面不一定是100分，而赋分是100分。

②排名倒数的考生，赋分结果会比卷面分高，因为赋分最低为40分。

③中间分数段的考生，有的赋分会高，有的则可能低。因为选科不同，可能你总分比别人高，但是排名赋分反而低，当然反过来也有可能。举个例子，大家都不愿选政治，觉得背的知识点太多，且大学没有特别的政治选科要求。假如只有10人选政治，你排在第3位；而另一学科，有1000人选，你排在200—270位，排在270位的赋分，将高于排在第3位的赋分。所以"排名赋分制"下的优势，不是来源于选科，而是来源于我们在同一人群中的优势，排名靠前才是获得优势的稳定方式。

另外，3门被选上的科目，分班/科教学后，学校每周会开设4—5课时；另3门，每周只有1课时。所以选了，请坚定；选了，请争先！

变化三：大学录取原则变化

这个变化是第一个变化的延续。大学不再分文理，但专业录取会有选科要求，比如，想学通信工程专业，就必须选择物理和另两门6选3的科目，这3个科目，高考时将按排名赋分。高校录取是按语文、数学、英语的原始分加上 3 门选修科目的排名赋分的总分择优录取。不选择物理相当于放弃此专业。越好的大学往往对科目要求越高。

所以，6 选 3 到底怎么选呢？

华姐的建议一：不应只看成绩，更应看重能力。开学至今，每科都只学了一部分。很多家长、同学把一段考甚至之后二、三段考的成绩当成选科标准，这样不太科学。成绩的确一定程度上反映学习能力，但是在 9 科火力全开的情况下，很多同学或许不是偏科，也可能是成绩都不如意。难道要"矬子里拔将军"吗？当然不！要看能力。比如，物理重理解和思路，化学需记忆和训练，历史则要理解和运用。要选择你适合的！也许现在成绩不如意，但等哪天你全力以赴时，能力匹配的才是突破最快的。

华姐的建议二：选科原则应为专业科目 + 兴趣科目。纠结的话用"竞争原则"，田忌赛马大家都懂，毕竟学习成绩好的都爱扎堆。

2021 年的广东省高考还有"学生综合素质评价"，高校录取的依据是高考成绩 + 综合素质评价。"学生综合素质评价"主要记录学生高中 3 年各方面的发展情况，包括思想品德、学业水平、身心健康、艺术素养、社会实践 5 个方面，特别是学生的社会责任感、创新精神和实践能力。

华姐在这里提醒同学们：高中不仅仅有课业，这段时期还是你们各种综合素质培养和发展的时期。所以，要尽可能积极参与学校、班级的各项活动，给自己展示的机会。你表现了就会被发现；被发现了，就会实现；实现了，你的"综合素质评价"就会锦上添花了！

祝家长、同学们阖家幸福！

班主任：徐怡华

2018 年 11 月 30 日

徐老师给你的悄悄话：

（以下是家长回函，请沿虚线剪下。）

_____ 同学的家长给徐老师的话：

_____

_____

_____

_____

五、高一 12 月的信

此信背景：高中的第一个学期快结束了，期末考试也即将到来。有的同学铆足了劲儿准备最后一拼，有的同学渐渐掉队了，有的同学开始迷茫了……爸爸妈妈的心情也随着孩子的成绩在波动。

此信目的：针对高中的学习，给予家长、学生一些心理上的建议和方法上的指导。

高一（4）班的同学、家长：

你们好！时光如梭，9 月 1 日同学们第一次到校报到的场景还历历在目，转眼已到 2018 年岁末了。整整 4 个月的学习和住宿生活，让同学们从陌生到相识，从相识到相知。各类社团、阶段考试、军训、校运会、篮球赛、羽毛球赛……4个月间，同学们经历了许多，有成功的喜悦、自信的展示，亦有失败的泪水、失落的彷徨。你们经历着、领悟着、感动着、成长着……

二段考后，因为没有达到自己预期的排位，许多同学在"心语"里说：痛苦、煎熬，甚至有同学后悔当初填报了深圳实验学校高中部。同学们，还记得本周班会课上分享的"龟兔赛跑"的故事吗？

对于同学们现阶段的"痛苦"与"煎熬"，我想说：恭喜你！因为痛苦是人生的财富，挫折是男子汉的功勋章（小仙女亦适用）。我坚信：最困难之时，亦即离成功不远之时。没有什么胜利可言，坚持，意味着一切。

11月，我的高中举办了一个大型的校友聚会。看着昔日高中的同班同学，听着同学们诉说着各自的人生，大家不由感慨万千：我们从同一个教室里走出，人生的归宿却全然不同：有的同学已为政界要人、商界巨贾、业界精英；有的同学已儿孙绕膝，尽享天伦；有的同学却沦为共和国的阶下囚！大家起点相同，结局却有天壤之别。

感叹好运总是青睐成功者？抱怨世界薄待了你？不！你的态度，决定了你的高度。有人说：世界上最难超越的人便是你自己。有些人随意、彷徨，没能跨过去；有些人坚韧、努力，他们便从平庸走向了成功。

同学们，你是否知道，一个人最好的朋友和最大的敌人是谁呢？其实都是你自己！能每天与你竞争的其实只有你自己！如果你每天对自己严格些、苛刻些，你就活得有张力、有质感！假如你每天过得松弛、懈怠，你的人生就只能是乏味与平淡的。今天与昨天之间，只有你自己才知道自己的输赢。

人生终归是你自己的。你不妨时时给自己提个醒：赢自己一把！

同学们且记住：没有比脚更长的路，没有比人更高的山。你所需要的是持之以恒的心！

同学们，快行动吧，为垫起你期末的高度寻找坚固的基石。

各位家长，也许您的孩子成不了苏炳添，但您依然可以和他一起感受奔跑；也许您的孩子成不了屠呦呦，但您依然可以陪他一起追逐梦想。元旦有3天假期，孩子回家的时候，请您好好与孩子聊聊，一起利用好这分班前的最后一个小长假。

在孩子为自己的人生奋战的日子里，我们家校携手，共关注、同成长！

祝家长、同学们新年快乐！阖家幸福！

班主任：徐怡华

2018 年 12 月 29 日

徐老师给你的悄悄话：

（以下是家长回函，请沿虚线剪下。）

_____同学的家长给徐老师的话：

_____

_____

_____

_____

六、高一期末的信

此信背景：高中的第一个学期快结束了，此信可以让爸爸妈妈了解孩子们一学期以来的成长与收获。

此信目的：总结一学期以来感动 4 班的人和事，给予优秀以嘉奖、给予努力以掌声。

高一（4）班的家长、同学们：

期末，4 班的同学们发起了一场"感动 4 班"的评选活动，并举行了隆重的颁奖仪式。感动，点燃了精神家园的一瓣心香，萦绕在 4 班同学的心田，由此衍生出的感恩使他人也深深感动。

以下是同学们给"感动 4 班"的获奖者（组）撰写的颁奖词。

小树同学：

既不伟岸，也不强壮，却坚韧挺拔！灿烂的笑容是你的招牌，率真的目光是你的通行证，阳光、矫健是你的代名词。从国庆舞台的朗诵到高中课业的学习，是你，带领 4 班一步步走向辉煌！你将"责任""奋斗"印在了 4 班同学的心上！加油，我们的英雄，让我们共同成长，去迎接下一个明媚的朝阳！

国庆诗朗诵组：

有一种声音，需要我们用心聆听，那是古老中国的脉搏，是你们把它延续。有一种情怀，需要我们倾心传承，那是华夏儿女的爱国情怀，是你们把它精彩诠释。一纸一等奖证书，凝结着你们辛苦排练的汗水，更承载着永不言败的 4 班精神。

庄严的国旗下，你们饱含深情的咏诵，让实验记住了高一（4）班！谢谢你们，朗诵组！

附：

朗诵组成员：小树、程程、小乔、悦悦、飞飞、小驰、小慧、双双、小野、童童、小昕、小辉、文文。

校运会啦啦队：

　　谋划声、指挥声、应和声……声音哑了、小腿软了、身子累了……台下艰苦的训练，只为那绿茵场上活力的一现。洁白的领结、精巧的头冠，阳光下的少女是一串串拨动心弦的音符；鲜红的裙子、闪亮的穗子，舞动中的少女是一簇簇燃烧的青春火焰！实验的运动场因你们而精彩。你们是实验的"第一"！你们是4班的骄傲！

附：

啦啦队队员：皓皓、童童、小辉、双双、玲玲、小敏、获获、雯雯、绯绯、小燕、小昕、璐璐、壹芬、钰钰。

艺术节街舞四人组：

　　黑色的西装，潇洒的舞步。动感洋溢，用火热的激情澎湃起同窗的血液；青春跃动，将时尚的风潮传播到班级内外。你们用男子汉的毅力在坚持！坚持，今天叫进取；坚持，明天就叫成功！你们的认真执着感动了4班，在我们的心目中你们就是Superstar！

附：

街舞四人组成员：皓皓、小金、森森、小驰。

我一直喜欢这样一则广告语：人生就像一场旅行，不在乎终点，在乎的是沿途的风景和看风景的心情！许多时候，感动我们的，往往就隐藏在平常的事、平凡的人中。它们都有着相同的本质——裹着一层朴素，包含一腔真诚。我们用双手接过这份真诚，我们同时也感受到了心灵发出的丝丝震颤。

感动别人，也感动自己。就让它成为我们美丽人生的一种精神养分吧！

生命需要感动！

期末，4 班被你们感动！

祝新年快乐！阖家幸福！

班主任：徐怡华

2007 年 1 月 26 日

七、高一3月的信

此信背景：新学期，新开始。

此信目的：引导学生养成良好的学习习惯；告知家长本学期学校的主要活动。

高一（4）班的同学们：

因为"历史的机缘"，让我们依然相聚在这个温暖、优秀，甚至可能创造奇迹的大家庭。今天，我这个 4 班的"家长"想跟同学们谈谈如何让自己创造奇迹。

奇迹的创造要靠良好的习惯！

2009年高考，我们班的刘静以699的总分（满分750分）被中国香港大学录取、陈静敏以666的总分被中国人民大学录取、李天慧以147分摘得了当年广东省历史单科状元（满分150分）。高考成绩揭晓后，3位同学要送我礼物。我说："懂得感恩的孩子，真好！但礼物得由我选。我要3样东西：你们3年的课堂笔记、3年的课后作业、3年的各科试卷。"孩子们欣然允诺。

收到礼物后，我认真翻阅、仔细分析，发现这3位同学有个共同的特征——认真，三年如一！

她们的课堂笔记眉清目秀，不同颜色的字迹提示着重点、难点、易错点。

她们的课后作业认真细致，订正翔实；非练习册的作业极富创造性。

她们的各科试卷笔迹工整清晰，试卷上有总结，有反思，有对失分知识点的梳理。

我拿着我的分析和中国科学院王极盛教授的研究比对，发现结果是一致的——良好的学习习惯，成就优秀的学习成绩！

三年如一，实属不易！除了毅力，它更需要智慧。分享一个小故事：

1984年，在东京国际马拉松邀请赛中，名不见经传的日本选手山田本一意外地夺得了冠军。赛后，记者问他如何取得如此骄人的成绩，他说："用智慧。"当时许多人都认为这个偶然跑到前面的矮个子是在故弄玄虚。

两年后，意大利米兰国际马拉松邀请赛上，山田本一又获得了冠军。记者再次请他谈经验，山田回答的仍是："用智慧。"这回记者没再挖苦他，但始终不解他的"智慧"为何物。

10 年后，这"智慧"终于揭开了面纱。山田本一在他的自传中写道："起初，我把目标定在终点的那面旗帜上，结果仅跑了 10 多公里就疲惫不堪了。后来，每次赛前，我都要乘车把比赛的路线仔细地看一遍，并把沿途比较醒目的标志记下来，比如，第一个标志是银行、第二个标志是一棵大树……一直记到终点。比赛开始后，我就奋力地向第一个目标冲去，然后第二个、第三个……40 多公里的赛程，就这样被我分解成几个小目标，然后轻松地跑完了。"

现实中许多人做事没能成功，个中缘由往往不是难度太大，而是觉得离成功太远。确切地说，不是因为失败而放弃，而是因为倦怠而失败。人生如长跑，稍微有点山田本一的智慧，此生会少些懊悔和惋惜。

由此我想到同学们写在"心语"里的人生的梦想、心仪的大学。为了实现你们的大目标，不妨给自己设立一些小目标：每天记住多少个英语单词、每周的测试练习要拿到怎样的分数、每次段考的排位要上升几名……把一个大目标分解为若干小目标，落实到每天的每一件事上。

同学们，在我们的人生旅程中，父母是修路者，为我们铺平前进的道路；老师是导航员，为我们指引前进的方向。但，路在自己的脚下。要到达目的地，必须靠自己一步一个脚印地走过去。

高一（4）班的家长们：

接下来的 4 月，同学们将要经历：

1. 4 月 1、2、3 日为高一下学期第一次段考时间。

2.科技节。许多同学申领了参赛项目，家长可以多关注。

3.校长杯女排比赛、校长杯男足比赛。4班女排已取得开门红！

4.文化艺术节——高一年级合唱专场。我们班选唱的歌曲是《我心歌唱》。非常好听的歌曲，家长有空时不妨找来听听。

5.文化艺术节——校园歌手大赛。我们班思存、坤坤参赛，还有许多同学是大赛的工作人员。

6.游园会。这是一个让学生充分体验"市场经济"的活动。同学们已组队申请多个摊位，且看同学们如何"自负盈亏"。家长可以场外指导。

7.5月底前，同学们需要完成30个义工时。

如此丰富多彩的高中生活，相信每个孩子都可以找到自己的舞台。家长们，我们一起静待孩子们的绽放！

祝阖家幸福！

班主任：徐怡华

2019 年 3 月 29 日

徐老师给你的悄悄话：

（以下是家长回函，请沿虚线剪下。）

_____同学的家长给徐老师的话：

_____

_____

_____

_____

八、高一 4 月的信

此信背景：高一下学期的第一次阶段考试成绩已经公布，无论成绩好坏，都需要对学生、家长进行及时的心理辅导。

此信目的：引导学生正确看待考试排位，给予后续的学习以指导；告知家长一个月来班级的主要活动。

高一（12）班的同学们：

第一次段考成绩出来了，有人欢喜，有人伤悲，如何看待考试名次？在这儿与同学们分享一个我钟爱的巴西足球队的故事。

1954 年，巴西的男女老少几乎一致认为，巴西足球一定能获得世界杯冠军。然而，在半决赛时，巴西队意外地输给了法国队，没能将那个金灿灿的奖杯带回。球员们比任何人都更明白，足球是巴西的国魂，他们懊悔至极，感到无脸去见家乡父老，他们知道，球迷们的辱骂、嘲笑和扔汽水瓶子是难以避免的。

当飞机进入巴西领空，球员们更加心神不安，如坐针毡。可是，当飞机降落到机场时，映入他们眼帘的却是另一种景象：巴西总统和两万多名球迷默默地站在机场。人群中有两条横幅格外醒目："失败了也要昂首挺胸！""这也会过去！"球员们顿时泪流满面，总统和球迷们都没有讲话，目送球员们离开机场。

球员们对"失败了也要昂首挺胸"的理解是比较透彻的，却不甚理解"这也会过去"的含义……

4 年后，巴西足球队不负众望，赢得了世界杯冠军。回国时，专机一进入国境，16 架喷气式战斗机立即为之护航。当飞机降落时，聚集在此的欢迎者多达 3 万多人。从机场到首都广场将近 20 公里的道路两旁，自动聚集起来的人群超过了 100 万。这是多么激动人心的场面啊！人群中也有两条横幅格外醒目："胜利了更要勇往直前！""这也会过去！"

前一句很容易理解，球员们对"这也会过去"的理解依然朦朦胧胧……

之后，队长一直向人请教该怎样理解那句话的含义。真是无巧不成书，一位老者微笑着说，两条"这也会过去"的横幅都是他写的，他给队长讲了下面的故事：

一位智者在梦里告诉所罗门王一句至理名言，这句至理名言涵盖了人类的所有智慧，能使他得意的时候不会趾高气扬，忘乎所以；失意的时候能够百折不挠，发奋图强，始终保持勤勤恳恳、兢兢业业的状态。但是，所罗门王醒来之后却怎么也想不起来这是一句什么话。于是，他找来最有智慧的几位老臣，向他们讲了那个梦，要求他们把那句至理名言想出来，并拿出一枚大钻戒，说："如果想出来，就把它镌刻在戒指上，我要把这枚戒指天天戴在手指上。"一个星期过后，几位老臣兴奋地前来送还钻戒，戒指上已刻上了一句勉励人胜不骄、败不馁的至理名言："这也会过去！"

有同学问："我如何才能获得成功？"

我认为，成功是由一个个小小的目标达成的，一次次小小的进步积累而成的。成功是由无数个点组成的完整的生命历程，成功就是每天进步一点点！

每天进步一点点，听起来好像没有冲天的气魄，没有诱人的硕果，没有轰动的声势，可细细琢磨，如果每天进步一点点，就像小树，每天一点点地向下扎根、一点点地向上生长，终有一天，它会长成参天大树。

在此我给同学们推荐一个每天进步一点点的高招——"日事

日毕，日清日高"。

这是中国民族企业海尔的管理理念，即每天的工作每天完成，每天工作要清理并要在完成的质量上有所提高。这又被称为 OEC 管理法，"OEC"即英文"Overall、Every、Control and Clear"的缩写。其内容是：

O——Overall（全方位）

E——Everyone（每人）、Everything（每件事）、Everyday（每天）

C——Control（控制）、Clear（清理）

这是海尔集团十余年来，从一个濒临倒闭的集体小厂发展成为中国家电著名品牌，进而成为国际市场上享有较高声誉的企业的核心管理经验。如今，海尔的这一经验已经被美国哈佛大学列为成功管理的范例。

同学们可以买个巴掌大的笔记本，取名为"日清本"，在扉页上写上"日事日毕，日清日高"8个大字，并签上自己的名字。同学们可以用这个本子记录每天需要完成的学习任务，完成一项删去一项。如果当天按时完成所有的任务，一定要给自己写一句激励的话，如"好样的""我真棒""Good job"之类。如果当天还有哪一项没有完成，要把该任务放在第二天任务列表的首位，并提醒自己绝不拖延！

高一（12）班的家长们：

您好！向您汇报一下孩子们这一个月来在学校的学习和生活：

1. 高中部艺术节合唱比赛我们班获得了三等奖。虽然这并不是一个令人满意的成绩，但回眸这两个月的经历，品味个中得失，我想说，转身，是为了更好地向前。在此要特别表扬以下同学：

导演组：然然、小雨、小荻

服装组：依依、小如

动作组：小兮、小浩

2.第一阶段考试已经结束，绝大多数同学考出了自己的水平。在此表扬文科总分前10名的同学：小兮、小雨、小白、小余、小郭、阿怡、思思、熊大、小晨、小江。

3.4月上旬，班级进行了一次投票，小如、小妮同学当选12班的班班、长长。新当选的班级"首长"保留了原班级的临时"内阁"班底，目前班级各项工作运行良好。

4.因为许多同学、家长暑期有特殊的安排，故将期末安排告知如下：

期末考试时间：7月4、5日

暑假开始于7月9日下午。

祝阖家幸福！

班主任：徐怡华

2016年4月29日

附：同学们的一段考试成绩

（以下是家长回函，请沿虚线剪下。）

_____同学的家长给徐老师的话：

_____

_____

_____

_____

九、给新组建的历史班的第一封信

此信背景：2021 年广东省将开启"3+1+2"模式的新高考，本年级学生是新高考模式下的第一届学生。2021 届的 4 班，是学生们通过自主选科而组建的历史班。因为是新组建的班级，因为是历史班，如何迈好"历史"第一步、如何共营历史班是学生和家长最渴望了解的信息。

此信目的：介绍班主任的带班理念，让学生和家长初步了解班主任。

高一（4）班的同学们：

你们好！我是班主任徐怡华，我将伴随同学们走完高中的求学之路。

"因对历史学科的热爱，所以我们相聚高一（4）班。"——这是分班第一天我写在教室黑板上的欢迎语。

高一（4）班，一个全新的班级，一个需要我们用两年多的时间共同去经营，然后用一辈子去纪念的班级。这将是一个怎样的班级呢？

我希望高一（4）班能成为我们年级的"雅典"，成为我们年级的"理想国"。

我们要组建我们的"公民大会"，来讨论并共同决定我们的班级事务。

我们要选举我们的"执政官"和"元老院"，它要能够代表我们多数人的意愿并维护班级的正常运作。

这里应该有激情有序的课堂、静谧高效的自习、自由开放的演讲、气势恢宏的舞台、神圣庄严的"审判"……

当然，我们也要警惕个人私欲的膨胀、多数人的暴政，以及因喋喋不休的讨论而延误了决策，错失了行动的良机。

在这儿我想跟大家分享我的 2003 届 11 班的故事。

这是一个特殊的班级，它是深圳实验学校高中部因搬迁西丽校区而分出的一个"加强班"，即全年级成绩倒数的 35 名学生组成的班级。在 2003 年的高考中，陈一波同学提前被北京外国语大学录取、代毅同学以超出重点分数线 19 分的高分被东北科技大学录取，另有 4 位同学的单科考出了 700 多分的高分（当年高考成绩以标准分计算，满分 900 分）。全班高考的重点率为 51.6%（当年深圳实验学校高中部的重点率为 72%）。我也实现了我当初给他们许下的诺言：我们的 11 班一定能走出重点大学的学生！

高考结束后，11 班的同学聚会。我问："你们考得这么好的主要原因是什么？"

"学习小组！分班后，我们几个不服输的同学成立了学习小组。班里其他同学也如我们一般组成了结帮对的小组。我们每天有个固定的交流学习时间，平时小组内学、帮；考试时小组间比、赶。所以我们进步特别快。"孩子们说。

我问："你们不担心如此会耽误了自己的学习时间吗？你们相互间还是竞争对手啊！"

孩子们告诉我："学有所长，水涨船高！在我们的比、学、赶、帮中，我们收获了快乐，收获了友谊，更收获了彼此的成功。"

这个真实的故事，对同学们应该有很大的启发！

徐老师在此倡导：以宿舍为单位，组成我们班的学习小组——同学不仅是室友，还是"同一战壕里的战友"，打造 4 班独特的宿舍氛围，展现出我们历史班的精彩！

历史班的学生有哪些特质呢？看看那些闪烁着人文思想和理想光辉的先哲：智者学派、苏格拉底、柏拉图、亚里士多德、阿基米德、毕达哥拉斯、托勒密……他们有许多共同的特质——

阅读与思考：阅读经典、思考现实

关注与质疑：关注热点、质疑惑点

推理与辩论：小心推理、大声辩论

创作与信念：多元创作、固守信念

亲爱的同学们，让我们内外兼修，一起携手打造快乐精彩的2021届4班！

高一（4）班的家长们：

林肯曾经说，一个人40岁以前的脸是父母决定的，但40岁以后的脸却是自己决定的。我的教育理念是"为学生40岁以后的人生负责"。所以，在未来的两年里，"学会做人、学会求知、学会运动"将是我的班级育人目标。

期望孩子成功是各位家长和我共同的心愿，所以，希望我们家校间多一份了解、多一份责任、多一份沟通。

有4件事请家长们关注并落实：

1. 家校信：每月最后一个返家日，您的孩子将带回一封我写的"家校信"。请您记得我们之间每月的约定！

2. 家委会：我们将组建班级家委会，方便处理班级事务，家校共营。

3. 微信群：我们将创建一个只有班主任及家长们的班级微信群，方便家校及时联系。

4. QQ群：我们将创建一个只有班主任及家长们的班级QQ群，方便日后一些超大图片、文件的传输。

多年前的一位学生家长跟我说了一番话，让我感动之余，也颇受启发。他说："孩子住校后，报纸、电视看得少了，国际国内大事知道得少了，各种有价值的信息了解得也少了，这对于在当今信息社会中，需要写各种时评作文的高中生来说，对他们应对高校的自主招生、面试来说实在是种遗憾！而若等孩子周五晚上回家，翻阅6天厚厚的、且不尽全有价值的报纸的话，又太浪费时间了。于是，我就把家里订的3份报纸，按国际国内大事、时事评论、美文推荐等收集下来，按时间顺序码放在孩子房间的书桌上。"

这件事让我感动良久，感动于家长的用心与细致。在信息爆炸的今天，如何推荐适合孩子的、有价值的文章，更考验着我们家长的智慧。作为4班的家长，若您也能如那位家长一般，我坚信，您的孩子每个周末在阅读您精心挑选的文章的同时，定能读出您的拳拳爱意，亦会让他受益良多！

高一（4）班的同学、家长们：

我希望同学们养成"与人合作、与己竞争"的品质。

我期望家长们与我"时常连线、家校共营"。

我承诺两年后，4班的同学们会成长为一批有正气、有底蕴、有才干的青年。

班主任：徐怡华

2019年5月24日

徐老师给你的悄悄话：

（以下是家长回函，请沿虚线剪下。）

_____同学的家长给徐老师的话：

_____

_____

_____

_____

十、高一6月的信

此信背景：暑假马上到了，如何过一个有意义的暑假是家长与学生一直关注的话题。

此信目的：关于开展暑假"12班书香家庭"活动的动员。

高一（12）班的同学、家长：

你们好！先给大家讲个故事——

从前，有一位老教授，他教了几个非常聪明的学生。学生们寒窗苦读好几年，眼看就快要学成毕业了。一天，教授把学生们叫到一个院子里，指着前面的一块空地，说："我要测试一下你们的智慧。你们看，这里什么也没种，再加上无人管理，所以杂草丛生，一片荒凉。你们各自都好好想一想，看如何把这些杂草除去。"于是，学生们开始各施良策。结果一年过去了，各种方法一一试过，可那些草就像和他们较劲似的，除了又长，死了又生。结果，一个学生也没有成功。

为什么呢？

原来，那几个学生，有的直接用锄头去锄，费时费力却除不了根，一段时间后草又长得老高；有的用犁去耕，但耕后不久，新的土地上草长得更旺；有的打上了除草剂，但时间不长，特别是一场雨后，杂草又遍地丛生。学生们折腾了一年，都没有找到有效的方法。

毕业后的某一天，学生们都接到了教授的信息，通知他们回校。教授把学生们再次领到那块地跟前，微笑着说："你们看，现在的杂草还多吗？"看着地里绿油油的禾苗，学生们目瞪口呆。原来，教授把地耕翻平整后，全部种上了庄稼。在旺盛的禾苗里，杂草再也不能疯长了！

各位同学，人生需要梦想，没有梦想就没有希望。你们都是朝气蓬勃的少年，金色的年华必须用健康的知识和思想来充实、滋养。青春是一片沃土，不种庄稼必定杂草疯长！

各位家长，我们在赞叹老教授的智慧之余，是否想到，孩子的心智培养何尝不是如此？所以，在此我郑重提议：暑假，我们开展"12班书香家庭"活动——休假不休学、读书过长假。

"读书过长假"，这亦是当今国人的一种休假时尚。

在这儿，我谈谈自己的读书体会。我认为，书可分三类来读。第一类是消遣杂志。此类书即读即有收获，读到哪儿算哪儿。第二类是读了可以在某个领域累积知识的书籍。如我常常阅读有关历史、班主任教学和心理学方面的书籍。第三类是那些具有分析性、思考性的书籍，比如哲学类书籍，其中的乐趣和价值无法短期体现，需要花很多时间。当累积到一定程度，有一天突然间读通了，就会像禅宗大师们突然顿悟一般。

著名心理学家亚伯拉罕·马斯洛说过，心若改变，你的态度跟着改变；态度改变，你的习惯跟着改变；习惯改变，你的性格跟着改变；性格改变，你的人生就会跟着改变。读书，就有这样的好处：沉浸在书香世界，可以使我们的生命在学习中获得永续的成长。

"读书过长假"，在属于我们的暑假里好好地读几本书吧！

在此，我推荐三本值得家庭共读的书：《周国平散文选读》、米奇·阿尔博姆的《相约星期二》、海伦·凯勒的《假如给我三天光明》。

同学们正好也可完成语文的暑假作业：读一本书，在周记本上写800字以上的读后感。

各位家长，您与孩子共读一本书，就有了共同的话题。请您也将您的读后感写下，写在孩子读后感的后面。只要是您自己的真实感受，长短皆可。请相信，在这个过程中，您收获的不仅是亲子时光，更有惊喜和感动。

与孩子共读一本书、同写一本书的读后感，这是多么有趣的事、多么美好的亲子时光呀！开学后，我会将孩子与您的读后感一同粘贴在教室后面的告示板上，再请全班同学一起评出"最佳亲子读后感"，最后我们再用一堂班会课，请获奖的家长和同学一起现场朗读与分享。

读一点名著，可以净化一下心灵；读一些好书，可以充实一下精神；读任何你爱读的书，每天的日子都是新鲜的；养成读书的好习惯，我们每天的生活都是有价值的。谨以此言，与家长、同学们共勉！

各位家长，奋斗的历程是孤独与寂寞的。因此，您和我应做孩子成长中的朋友、伙伴，让他们远离孤独与寂寞。我们也曾年少，我们也曾叛逆，我们也曾渴望自由……所以，让我们对年少的他们多一些理解、多一些宽容、多一些鼓励、多一些沟通，少一些埋怨与责骂。要做到这些，我们只有躬下身来，用平等的态度与孩子对话，与孩子交流。

同学们，人生之路艰难而崎岖，但我们必须走过，别无选择！我们唯一可以选择的是如何走过这人生之路。如何走？利用暑假，好好想想吧。

祝家长、同学们阖家幸福！

班主任：徐怡华

2010 年 6 月 25 日

徐老师给你的悄悄话：

（以下是家长回函，请沿虚线剪下。）

_____同学的家长给徐老师的话：

_____

_____

_____

_____

十一、高二 9 月的信

此信背景：高二（4）班是新高考"3+1+2"模式下的历史实验班（历史类学业成绩最好的班级），新学期，需要继续引导学生"做优秀的自己"。11 月初，全年级学生将赴井冈山进行社会实践。届时有一项实践作业：下厨，为住家及自己做一顿晚餐。这些需要提前告知家长，让家长利用国庆长假时间教孩子做两三个家常菜。

此信目的：给学生"做优秀的自己"具体的行动指导。

高二（4）班的同学们：

"四羊方尊"图案是我们的班徽。"志存高远盖四方，渐露锋芒定扬尊"是我们的班级口号。"优秀，将成为我们的习惯"是我们的信念。

同学们想过如何"扬尊""盖四方"吗？如何成为优秀的自己？华姐在30多年的教育教学中发现，优秀的人都拥有如下5种特质：

1.积极的思维模式

大脑有一个特性，你经常使用的词语或句子，大脑会强化它们的作用，从而变成你身体的一部分，由内而外地影响你的形象，从你的言行举止、表情眼神等流露出来。

每天留意自己的语言模式，然后试着将其变成积极的语句，你将遇到优秀的自己。

2.不同角度看问题

同学们都听过我在高中部晨会上分享的故事，我说生命的磨难是上天赐予我的礼物，既然无法躲避，那就选择面对它的态度：由"忍受磨难"，变为"享受磨难"！"忍受"与"享受"一字之差，心态却完全不同。"忍受"是消极、保守的；"享受"是积极、进取的。把磨难看成享受，就不会有那么多的负面情绪。如此，我遇到了最好的自己。

面对问题，不要钻牛角尖，换个角度，你会有一种豁然开朗的感觉。

3.勇于走出舒适区

4.很好地处理压力

5.恒久稳定的行动力

当今社会各界对衡水中学有各种不同的声音，但有一点不可否认，就是衡水中学有很高的升学率。与同学们分享一篇衡水中学毕业生的日志。题目是《其实，我们是习惯了》。

习惯了早上天还未亮的时候冲出宿舍……

习惯了每次进教室前扫一眼自己贴在教室外面的目标，让心中有更多的自信……

习惯了每天看着倒计时上自习，看着表分秒必争的状态……

习惯了课间追着老师问问题的画面……

习惯了中午离午休铃声响起还有8分钟时冲出教室，奔向餐厅，狼吞虎咽后再次狂奔到宿舍，时间正好，每次到宿舍都正好打铃……

习惯了晚上自己一个人躲在被窝里想想一天的收获，默默地念叨着高考目标，无数次掉下的泪水一次一次浸湿无辜的被角。

习惯了那种害怕考试的感觉，却时刻期待，用心准备着……

习惯了表面上对成绩漠不关心，但还是把成绩单看了一遍又一遍，与自己心中的目标对照着。不管进步退步，努力的汗水一直流淌。

习惯了每次考完试，重新拟定自己的目标，掀起新一轮拼搏与战斗。

习惯了3周放一次假却总共在家待不到12小时……

我们真的习惯了那个曾经恨得咬牙切齿、一天骂8遍却不许别人说一句不是的地方，那个刚来时巴不得早点走、等到真要走时却又想多留一会儿的地方，它偷偷地留下了我独一无二的青春。如果再给我一次选择的机会，我还会选择衡中，不管外界如何评论它。因为它不可替代！

同学们，还记得本学期第一篇"心语"里你定下的目标吗？你行动了吗？你习惯了吗？还记得我在班会课上提的"日清单"吗？要实现"志存高远盖四方，渐露锋芒定扬尊"，要想成为优秀的自己，"日清单"是分解目标、让自己保持恒久稳定行动力的好方法。

高二（4）班的家长们：

有一件事希望得到您的支持和配合。

10月底，学校将组织同学们赴井冈山进行为期一周的社会实践。届时有一项实践作业：下厨，为住家及自己做一顿晚餐。从买菜洗菜切菜、杀鸡宰鱼剁肉，到生火烧炉（许多家里还是传统烧柴火的大灶台）、下锅上碟，这一切均需由学生独自完成。这对同学们来说无疑是一项有趣又具挑战的作业！为了届时能节省孩子们的长途电话费（以往常有的情景：孩子们一手拿锅铲，一手拿电话："妈妈，这会儿该放……"），也为了使乡下的住家及自己能吃上一顿可口的饭菜，当然更是为了孩子们的荣誉，请家长务必利用国庆长假，手把手教会孩子做两三个菜！当然，首先要考虑食材，孩子做菜肴的食材应该是井冈山下七乡能买得到的普通食材。到时不嫌麻烦，自带食材也是可以的。其次，要与同寝室的同学家长沟通好，不要到时做了4个红烧肉、4个蛋炒西红柿……

祝同学、家长国庆快乐！阖家幸福！

班主任：徐怡华

2019 年 9 月 30 日

徐老师给你的悄悄话：

（以下是家长回函，请沿虚线剪下。）

＿＿＿＿＿＿＿同学的家长给徐老师的话：

1. 关于高二的学习，您期望孩子做什么或想对徐老师说什么？
2. 关于做菜，这些天孩子学会了做什么菜？

十二、高二 10 月的信

此信背景：2009 届是进入高二才进行文理分班的，孩子们刚刚结束了期中考试，此信是写给我任教的两个历史班的学生和家长的。

此信目的：给予历史班的学生"如何学习历史"的方法指导；给予历史班的家长"如何做一名优秀的历史班的家长"的指导。

高二历史班的家长、同学们：

你们好！我是高二年级的历史教师徐怡华，我将陪伴您的孩子／同学们度过高中这最后也是最关键的两年。

我一直认为，考前才拼命会紧张而忙乱，肚里没粮心里慌张。但若从现在开始积累，高考时就能厚积薄发，就能从容镇定地踢好"临门一脚"。我有个心愿，愿我教的历史班里所有的孩子都能考上心仪的大学。于是，我精心上好每一堂课；于是，我注重培养孩子的历史学科素养；于是，就有了这封我给家长、孩子的书信。因我知道，高考成功，是孩子、家长和我的共同心愿！

此信后面所附的是这次 2009 届历史班的第一次大考——期中考试中，孩子们的历史答卷及他们的考后反思。通过卷面，我们能发现孩子在学习中存在的问题。针对问题，我们给孩子提出了下一步学习的要求。

1. 历史试卷与考试成绩

历史班的大型考试均按高考模式安排：考试时长120分钟，卷面总分150分。一卷25道单项选择题，每题3分，共75分；二卷6道主观题，共75分。这次期中考试，历史平均分为124.6分，这是相当优秀的成绩，也是让我骄傲的成绩。

各位家长，您可以根据您孩子卷面的具体情况，了解孩子前一阶段的学习状况，与孩子一起思考后一阶段的历史学科学习策略。

2. 给历史班学生的建议

高二历史学习注重一个"法"字，即学习方法：看书、听课、做笔记的方法，以及解题技巧等。"法"至关重要，它直接影响同学们的学习质量。下面就这次期中考试及平时课堂反映出的"看书"——读教材存在的问题，给同学们提供四点"读书"方法建议。

（1）阅读目录

每本书的开头都有目录，目录是这本书的编写纲目与知识结构。知识框架搞清楚了，自然纲举目张。这一版历史课本是编者按新课标要求编写的教材，同学们可根据自己对新课标的理解和学习习惯，将目录重新整合，梳理知识结构。阅读教材目录，对学好历史非常必要。

小窍门：若重新整合目录，应另附纸张，将一角粘贴在教材的目录上。

（2）列出提纲

历史教材不同于文学作品，它是史实性的读物，没什么情节。这就要求同学们在学习时必须列出提纲，否则可能看了几遍都不知所云。一般来说，每章节（课）的标题就是这部分内容的中心论点，而每课又有几个黑色小标题。预习时列出本课提纲，从总到分、从因到果……这样的预习才是有效的预习，这样的读书才能一目了然。抓住了提纲，也就抓住了主干。

小窍门：预习时的提纲是"草稿"。老师授课后，将知识点誊抄到目录旁边。复习时，阅读目录和提纲，回忆相应的知识点。

（3）记住要点

教材中的每一个知识点都能记住当然最好。但每个人的时间精力有限，因此同学们记忆的必须是重要的内容、重点知识，尤其是对人类历史发展进程产生重大影响的事件、人物。另外，教材中带有结论性的语言以及重点分析和介绍的内容，是同学们记忆的重点。

小窍门：要点用记号笔在书中突出标注。注意，不可整本书都标注。

（4）抓关键词

历史学科语言比较概括、抽象，甚至枯燥。要在有限的时间里记住、记牢，不是一件容易的事。除了适当运用一些方法进行记忆外，必须学会抓住教材中关键性的词语，如政治、经济、思想，时间、地点、人物，内因、外因，主要原因、根本原因，意义、影响、作用等。

小窍门：若已用记号笔标注，则可再用彩色笔醒目地圈注出来。

3.给历史班家长的建议

作为家长，您可能时常会为孩子的学习操心、着急，但又不知所措，感到无能为力。您是否可以尝试一下为孩子做点力所能及的具体的事情？

孩子住校，许多时政新闻没法及时了解、阅读。我总跟孩子说，今天的时政，就是明天的历史。任何事件都有它的历史渊源，学历史的，就应有寻根问底的精神！所以，我希望家长们做个有心人，在孩子住校的时间里，收集整理一些报纸杂志上的重大时政新闻资料，让孩子及时了解时政，如近期的"嫦娥奔月""周老虎"（华南虎）事件、国际油价飙升、巴基斯坦内政、日本捕鲸事件等。

当孩子周末回到家里，看到置于桌面或放在床头的您给整理的资料时，他一定会感受到您的爱。这样也可以增加您与孩子交流的内容。

孩子在成长，我们又何尝不是呢！

希望各位家长和孩子坐下来，在轻松的气氛中，客观地分析您孩子的学习与成绩。为孩子的进步鼓掌，给孩子的不足引导，让孩子们的秋天都有沉甸甸的收获。

祝家长、同学们阖家幸福！学习进步！

高二年级历史老师：徐怡华

2007 年 10 月 26 日

附：××同学的期中历史答卷及考后的反思

（以下是家长回函，请沿虚线剪下。）

_____同学的家长给徐老师的话：

_____

_____

_____

_____

十三、高二11月的信

此信背景：2018届12班的同学绝大多数是独生子女。在11月初的井冈山社会实践，校运会集体项目的报名、训练中，部分同学只想着自己，想着自己的利益最大化，表现得有些自私、冷漠，让班上大多数同学不满。

此信目的：与学生谈谈"基础文明"，谈谈公民素养。

高二（12）班的家长、同学们：

"独生子女"是中国特有的一个人群，随着"独二胎"政策的酝酿、出台，这个人群也被国际媒体广泛关注。2013年1月10日刊登在美国《科学》杂志上的一项研究称，澳大利亚4所大学对421名北京成人独生子女做了测试，结果发现，"独一代"的"互信程度较低，情绪上更悲观，更倾向于规避风险，更喜欢稳定的工作"。报告一出，引发各国热议。

我们12班的大多数同学是独生子女。在井冈山社会实践，以及校运会期间班上发生了一些事，让我反思：我们的孩子是否真的太过自私与冷漠，抑或是缺乏必要的公民素养？

网上有一篇发人深省的文章——《精神的契约》，在这儿与家长和同学们分享。

故事是说一位因偷盗面包的贫穷的老太太，被面包房的老板告上法庭的故事。

她面临两种选择，一种是被处以10美元的罚金，另一种是10天的拘役。

但她如果有10美元，就不会去偷面包。她愿意被拘役10天，可她有3个小孙子没人照顾。

文章说，这时候，从旁听席上站起一个40多岁的男子，他向老太太鞠了一躬，说道："请你接受10美元罚金的判决。"说着，他转身面向旁听席上的其他人，掏出10美元，摘下帽子放进去，说，"各位，我是纽约市市长拉瓜地亚，现在，请诸位每人交50美分的罚金，这是为我们的冷漠付费，以处罚我们生活在一个要老祖母去偷面包来喂养孙子的城市。"

所有的人都惊讶了，都瞪大了眼睛望着市长拉瓜地亚。法庭上顿时静得地上掉根针都听得到。片刻后，所有的旁听者都默默起立，每个人都认真地拿出了50美分，放到市长的帽子里，连法官也不例外。

按理说，一个老妇人偷窃面包被罚款，与外人何干？拉瓜地亚说得明白——为我们的冷漠付费。他告诉我们，人和人之间并非孤立无关的，人来到这世间，作为社会性动物，是订有契约的：物质利益的来往有法律的契约，行为生活的交往有精神的契约。善，并不仅仅是与冷漠、奸诈、残忍、自私自利相对的一种品质，还是一种精神的契约。

一位名叫马丁·尼莫拉的德国牧师，在美国波士顿犹太人屠杀纪念碑上写下发人深省的墓志铭：

在德国，起初他们追杀共产主义者，我没有说话——因为我不是共产主义者；

接着，他们追杀犹太人，我没有说话——因为我不是犹太人；

后来，他们追杀工会成员，我没有说话——因为我不是工会成员；

此后，他们追杀天主教徒，我没有说话——因为我是新教教徒；

最后，他们奔我而来，却再也没有人站出来为我说话了。

这正是背弃精神契约的最终结局。人生在世，谁都有可能遭遇危难和困境，谁都有可能成为弱者，如果我们在别人危急的时候不伸出援手，谁能担保自己不会吞咽孤立无援的苦果？

人心只有向善，才能被阳光照耀，所以善的契约才是在世界普遍存在的。懂得珍惜这种契约的人是高贵的。懂得为冷漠付费的人是明智的。

当今的社会太冷漠，我们会为自己的自私付出代价。

我们需要基础文明，需要契约精神、权利意识，这些东西是每个人都应该懂得的基本公民素养。

各位家长，您觉得您的孩子在"基础文明"方面哪些做得好、哪些还有待提升？在孩子的"基础文明"的培养上，您有何想法和建议？请您写在回执上。

祝家长、同学们阖家幸福！

班主任：徐怡华

2016 年 11 月 30 日

徐老师给你的悄悄话：

（以下是家长回函，请沿虚线剪下。）

_____同学的家长给徐老师的话：

_____

_____

十四、高二 12 月的信

此信背景：历史班的学生普遍是数学"学困生"，期中考试中，数学成了主要的失分科目。马上就要期末考试了，班里同学出现了焦虑情绪。

此信目的：由也曾是数学学困生的学姐与大家分享数学学习心得，给焦虑中的同学一些方法上的指导。

高二（4）班的同学们：

还有 3 周就要期末考试了。还记得期中考试数学的痛吗？前些天，你们的学姐静静回国省亲。2009 年高考考出了 669 分的她，当年也是个让数学虐得找不着北的孩子。闲话当年，我让她聊聊"那些年与数学的恩怨"。于是，我的邮箱里有了下面这段文字：

记得当年华姐常对我们说："文科生，得数学者得天下。"但我就是跟数学无法投缘——一听就懂、一看就会、一做就错。由于特别在意数学成绩，考试时过度紧张，导致我本来会做的题也做不对或不能全对。几次不及格的分数影响了我学习数学的信心，甚至有段时间我对数学还产生了恐惧。

在老师的引导下，我慢慢地明白了：不能因为太在乎结果而"目标颤抖"（华姐一定给学弟学妹们讲过这个故事）。其实，每次考试只要做对我会做的题，不失误或少失误，我就成功了。分数的高低不能完全说明问题，关键要看我在全体文科生中的相对位置。因此，我告诫自己：听好每一节课，做好每一次作业，做对每道会做的数学题。

下面谈谈我对数学学习的一些体会：

1. 预习。不是提前做练习册，而是把课本通读一遍，把不懂的标注下来。

2. 听讲。上课首先要听懂老师课堂所讲的内容，特别是在预习中自己标注的内容。遇到不懂或不全懂的，做好记号，课后通过自己研究、与同学讨论或请教老师，力争弄懂。以前上课我喜欢一字不落地记下老师做题的步骤，后来我发现这是听课最大的误区！我们听课是要把东西记在脑子里，而不是记在笔记上。听课是要听老师系统详细地讲解，而不是为了有一本工工整整的笔记！

3. 作业。先复习再做作业。简单看一遍课本，记住相关公式。作业要一气呵成，不要一边做一边翻书、看答案，那样的作业质量不高。老师布置的作业，一定要做完。因为老师要求做的，一般都会在下节课进行讲评。如果我们没有做，也就没有独立的思考过程，听课效果会大打折扣。学有余力的或想在数学上有所提高的同学，在完成老师布置的作业外，也可适当做一些练习册。数学本身就是一门很注重"量"的学科，只有通过大量做题，我们才能有量的积累，最终达到质变——成绩的提高。

4. 用好课本。熟记公式、熟悉例题，这是我提高数学成绩的不二法宝。

最后，祝学弟学妹们突破数学瓶颈，赢得文科天下！对了，华姐跟我说你们的高考是物理、历史分科录取，所以我应该说"突破数学瓶颈，赢得历史天下"了！

以上是曾经的数学学困生静静学姐分享的数学学习经验，希望对还在数学中挣扎的 4 班同学有帮助。

各位家长，1 月 6 日孩子们就要迎来高中阶段的第一次全省大考——史、地、化、生的学业水平考试。因此，元旦不建议大家出游，希望您在家陪伴孩子好好备考。节后返校时叮嘱孩子带好身份证、准考证。

祝家长、同学们新年快乐！阖家幸福！

班主任：徐怡华

2019 年 12 月 30 日

徐老师给你的悄悄话：

（以下是家长回函，请沿虚线剪下。）

- -

_____同学的家长给徐老师的话：

_____

_____

_____

_____

十五、高二期末的信

此信背景：2009 届文科 11 班组建一个学期了，期末应给班级学生做一下学期总结。

此信目的：回顾我们的建班目标，总结同学们的成长与收获，指出存在的问题。给高二（11）班的家长们一些家庭教育的建议。

高二（11）班的家长、同学们：

你们好！

随着2008年新春的步步临近，属于我们的或紧张，或忙碌，或愉快的一学期的高二生活，也渐入尾声了。回望来路，有许多艰辛值得回味，有许多感动值得珍藏。

记得开学初，我写给家长和同学们的第一封信中谈到我的建班方针：学会做人、学会健身、学会求知。现将同学们一学期以来在这"三会"方面的表现情况总结如下：

1. 关于"学会做人"

（1）做一个诚实正派的人。学生处主任总是惊诧于一分钟前（或昨晚）才发生的事故，我怎么这么快（一大早）就知道了。对于这个问题，我总是特别自豪。因为11班的孩子们从不对我隐瞒自己犯下的错误，总会主动到我跟前来告知，我的手机总会收到孩子们因犯错而检讨的短信和电话。犯错后的主动认错，既需要勇气，也需要诚实与向善之心。所以我总能欣然接受孩子们的认错。

当然，若一个人不断重复相同的错误时，这就已经不是诚实不诚实的问题了。同时，在一个集体中，一个人违纪必然妨碍他人的学习或生活。为了维护全班同学的学习和生活，下学期开始将对此类不断违纪的同学给予必要的惩戒。

（2）做一个有远大理想的人。有什么样的目标，就有什么样的人生。在"岁末，我们设计人生"的主题班会上，同学们都为自己设立了一个近期和远期的人生目标，并定下了我们11班师生的"十年之约"——到时候我们一起看看，是否靠近或实现了在2007年岁末自己设计的"人生目标"。同学们说，这是一个甜蜜的约定，是一个催人奋进的约定。

（3）做一个有丰富情感的人。在日常生活学习中，同学们细心照顾每一个生病的同学、体贴关照怀有身孕的老师；一句句简单的问候、一声声真诚的生日祝福、一个个鼓励赞美的拥抱……"家的感觉"在每一位11班同学的心中蔓延。

2. 关于"学会健身"

虽然校运会的总成绩不甚理想，但班里有许多女孩有生以来第一次参加了校运会啦啦队。孩子们明白了：运动不一定是参与竞技比赛，让自己的身体动起来、让脉搏加速跳起来就是锻炼！所以每天晨跑的同学越来越多了，每天下午放学后跑步、打球、跳绳的同学也越来越多了。

但美中不足的是：每天的晨练、广播操，总有同学借故缺席或马虎应付。孩子们，身体是革命的本钱！下学期我将在班级的告示栏里开辟一个《今日病人》栏目，对那些不认真锻炼身体的同学予以曝光。

3. 关于"学会求知"

从整体来看，同学们这次期末考试的成绩较期中有较大的提高。特别是语文、数学有了质的飞跃，这让我欣慰。说明同学们从期中的低迷状态中觉醒了，意识到成绩关乎自己的"荣誉"，懂得"超越自己，就是走向成功"的道理了。

孩子们，学无定法，但天道酬勤。勤动脑、多动口、常动手，这是求学的不二法门。

高二的孩子已进入高考赛场的跑道。作为家长，无时不在思量：我的孩子目前的学习如何？会考入"985"还是"211"？真可谓"可怜天下父母心"！

作为班主任，我给"准高三"孩子的家长提两点建议：

1. 要有信心

有信心才有希望。信心和希望，应该是父母传递给孩子的真正财富。信任孩子、信任老师、信任学校，在高考路上，我们定能家校共赢。

2. 要有方法

有了信心，还要有正确的、科学的教育方法。多一点身教，少一点言教；多一点精神上的关爱，少一点物质上的补偿；多一点激励、欣赏，少一点打击、指责。没有办法时，多向班主任、任课老师请教；出现问题时，多与孩子交流沟通。

我们重视孩子的成长，而不仅仅是成功；我们重视孩子的人格，而不仅仅是成绩；我们重视孩子的一生，而不仅仅是现在。

成功的妙方：

学生：时间 + 汗水 + 方法 = 成功

家长：关心 + 鼓励 + 支持 = 成功

祝家长、同学们春节快乐！阖家幸福！

班主任：徐怡华

2008 年 1 月 25 日

徐老师给你的悄悄话：

（以下是家长回函，请沿虚线剪下。）

_____同学的家长给徐老师的话：

_____

_____

十六、高二2月的信

此信背景：2017届的高三百日誓师的日子，也就是我们2018届距离属于自己的高考还有465天的日子，各学科相继进入一轮复习了。

此信目的：告诉学生，成功无捷径，需要一步一个脚印踏实地走。高三的家长会有许多陪考的困惑与担忧，请家长在此信的回执中提出问题，班主任将在家长会上集中解答。

高二（12）班的同学、家长：

今天是农历二月初二。二月二，龙抬头，春雨下得遍地流。

今天也是2017届高三进行高考"百日誓师"的日子。这也意味着我们班的同学距离属于自己的高考也只有465天了。时间过得真快啊！

在这个快餐时代，快到你总希望今天努力明天就要有结果，快到你总喜欢明天考试今天才开始复习，快到你总觉得今天跑步明天就能减肥成功……但，对于同学们来说，快了并不意味着跑在前面，快了并不代表就能成才——速生则速朽！就算是再快的时代，也需要一步一步地积累！

给家长的话：

1.地理已进入一轮复习，不久各科也将相继进入一轮复习。作为准高三的家长，您有何困惑与担忧，请写在回执里，我会尽力为您解答。

2.我特别期望通过我们家长的分享，让孩子们了解社会，弥补学校封闭式教育的不足。之前，我们班已有小周妈妈分享的茶道、小陈爸爸分享的急救常识。12班的同学们期待着您的分享！若您能来，请在回执里告诉我您将与孩子们分享的内容。家校联手，助力孩子成长！期待您的分享！

祝家长、同学们阖家幸福！

班主任：徐怡华

2017年2月27日

徐老师给你的悄悄话：

（以下是家长回函，请沿虚线剪下。）

_____同学的家长给徐老师的话：

_____

_____

_____

_____

十七、高二3月的信

此信背景：高二下学期开学近两个月了，许多孩子在每周与班主任交流的"心语本"里谈到他们与家长在学习方面的冲突。

此信目的：总结开学近两个月的学习和生活；给家长一些家庭教育的建议。

高二（10）班的家长、同学们：

开学近两个月了，每周的"心语"，总有孩子在"哭诉"："爸爸妈妈只要我的分数，周末回家是一种负担……"看着这些忧伤的文字，我的心情是沉重的。家长应该怎样理智地对待孩子的分数？

我想，作为家长，面对孩子，无论他的成绩如何，我们的态度首先应该是接纳；其次，不能把我们的焦虑转嫁到孩子身上。望子成龙、望女成凤是每个家长的心愿，但家长应该明白，"龙"与"凤"是不可能"望"出来的。

既然高考存在，我们自然要重视考试。可我始终认为，重视考试不等于只重视分数。这段时间，我发现一些家长对分数过于热衷，总想通过分数来评价孩子在校学习是否认真。其实，教育并不这么简单，有些孩子学习很认真，但成绩很难提高；有些孩子学习不投入，而成绩还可以。所以，以分数论孩子的努力程度是不科学的，也是不公平的。

考试的功能除了评价，更有激励。如果我们能够把每次考试的分数作为一种参照，坐下来和孩子心平气和地交流、分析。告诉孩子，尽管成功了，但没有超越自己，便有遗憾；尽管失败了，但努力奋斗了，便是无憾。这样的关爱不比"恨铁不成钢"式的冲动更明智吗？其实，这也是考试的最大价值所在！

我请各位家长一定要记住：平时的测验不是高考，测验的分数是让您了解孩子的学习效率、助他反思、促其改正的媒介，而不是接受您训斥、责骂的借口。否则，您的孩子的心将与您越走越远！

这个月，我送给同学们一句话：让人们因我的存在而感到幸福！这既是一种高尚的价值观，也是可以付诸实践的——用真心关爱真心、以真情赢得真情。做一个"让人们因我的存在而感到幸福"的人，实乃举手之劳：在公交车上，你为一位老人让座，这位老人就会因为你而感到生活在深圳这个文明城市是一种幸福；在家里，你主动帮父母做些力所能及的家务，父母就会因拥有你这样充满孝心的孩子而感到幸福；在教室、楼道里，你主动上前帮老师抱作业本、拿实验器皿，老师会因为有你这样懂事的学生而感到幸福；课堂上，你的应答、你的操作，让老师顺利地完成了教学，你的存在让老师感到了幸福；同学遇到困难，你第一时间出现并伸出援手，同学会因为有你而感到班集体的无比温暖；你把在校优异的成绩带回家，你的成功会让父母感到幸福……

我希望在我们的班级里，每个人都会因个人的错误带给班级的损失而感到歉疚不安，每个人都会为集体遭受的挫折而感到难过与忧虑，每个人都有"让人们因我的存在而感到幸福"的价值观！

总结开学近两个月来的学情：

本学期同学们的学习积极性明显提高，班里的学习风气浓郁。平时学习努力的同学一如既往地努力，更可喜的是有一大批"后起之秀"。综合各科老师的评价，对以下同学提出表扬：

脱胎换骨型：小骅、小文。无论在听课状态、作业质量、考试成绩上都让老师有"刮目相看"的感觉。

努力奋进型：小苏、江江、小慧、小叶。正在进行"质变"前的"量"的积累。

锲而不舍型：小毅、小雪、静静。每个课间10分钟，老师的身边都可以看见他们的身影。

悬梁刺股型：星星、玲玲。每天最早到教室、最晚离开。

我相信一个真理：付出了，就一定会有回报！

但也有个别同学不重视作业，时常有不交作业的现象。被批评的同学，我会在后面"徐老师给你的悄悄话"里"私信"你。

开学近两个月来生活上存在的问题：

1. 有些同学一日三餐不去学校食堂就餐，常常以方便面、膨化食品、汽水替代正餐。建议家长了解一下孩子如此进食的原因。

2. 部分男生宿舍"两睡"、内务做得不好，影响了自己的健康，也影响了班级的荣誉。被批评的同学，我会在后面"徐老师给你的悄悄话"里"私信"你。

各位家长，以上是我对班级近两个月的总结。如果您对孩子的成绩、我的工作或班级的管理有更好的建议或其他要求，请写在回执里。

祝家长、同学们阖家幸福！

班主任：徐怡华

2005 年 4 月 1 日

徐老师给你的悄悄话：

（以下是家长回函，请沿虚线剪下。）

_____同学的家长给徐老师的话：

_____

_____

_____

_____

十八、高二 4 月的信

此信背景：2015 届的广东省高考是"3+ 文 / 理综"的高考模式。高二下学期，政治、历史、地理三科文综相继进入第一轮复习，学生对于一轮复习既兴奋又无措。

此信目的：给学生一些一轮文综复习的建议；给家长一些陪考建议。

高二（11）班的同学、家长：

今年春晚，一曲《时间都去哪儿了》拨动了许多人的心弦，提醒我们珍惜亲情，但这首歌又不只关涉亲情。有意识地审视"时间都去哪儿了"，把时间用在有价值和有意义的事情上，人生会更充实，生命会更精彩。

3、4月，我们的政治、历史、地理进入第一轮复习了，真的需要抓紧时间了。

高考复习，第一轮复习极其重要，它涵盖所有的知识点，是我们对所学知识查缺补漏的最好机会，是整个高考复习的基石。结合近30年的教学经验，我总结了文科综合在一轮复习中的"三要事"，在这里与同学和家长分享。

第一，紧跟老师，提高课堂效率。

这是最重要的一件事。我们班的任课老师都是深圳实验学校的骨干教师，具有多年的教学经验，每一堂课都是他们多年心血和经验的结晶。所以复习的第一要务就是听好每一堂课。什么叫听好课呢？跟随老师的脚步，明白老师的思路，了解老师讲课的逻辑，抓住老师强调的重点，并及时记录或提出自己的困惑。

有的尖子生认为课堂上的内容太浅，"吃不饱"，于是便在课堂上一心二用，一边听课一边写作业或做其他自主复习，我认为这样做得不偿失，即使已经掌握了这堂课80%的内容，在一心二用的低效率课堂学习中，你很可能会错失另外20%的内容，而且这种缺漏很可能永远也补不回来。与其这样，不如一边听课，一边结合老师教授的内容对相关知识点进行联想。如历史这一科，讲到某一时期的政治时，就可联想同一时期的经济、文化、外交等；讲到某一次改革，可以联想这一改革前后其他改革及他们各自的联系和影响，这样既可以提高课堂效率，还可以随时将知识点联结成线，建立起完善的知识网络。

第二，背书。

对于文科生来说，记忆是基础。背知识点不仅是一轮复习的要事，还是从一轮复习到踏入高考考场前都不能有丝毫懈怠的工作。由于一轮复习是之后二、三轮复习的基础，所以一轮复习中记忆就显得尤为重要。有人抱怨背知识点很难，因为背了后面又忘了前面，永远也背不完。其实背书本来就是在遗忘中反复的过程，忘了不要紧，持之以恒就好。坚持一遍又一遍地重复，多次记忆之后，脑海深处一定会留有印象。不要小看这一点点印象，这看似不深的一点印象却极有可能成为考场上的救命稻草。事实证明，但凡背过的东西一定会留在记忆深处，在题干的刺激下很有可能重新回忆起来。

我建议大家每天每个科目各花 10 到 15 分钟来背知识点。当然，背书并不只是死记硬背，还要结合学科特点，对于不同的科目，背书的方法各有不同。具体的背书方略，建议同学们去请教各位任课老师。

第三，做题。

一定要先完成老师布置的作业。第一轮复习是分知识点复习的，老师了解我们当前复习的重点和难点，因而老师出的题最切合我们当前的复习实际，最能帮助我们掌握知识点、查缺补漏。在完成老师布置作业的基础上，学有余力的同学，可以适当做些高考单选题，主要目的还是夯实基础，将知识点逐个击破。不必在意错了多少，把错题弄清楚，并收集起来慢慢消化。至于主观题，可以根据自己的情况每天做 1 至 2 题。同学们可能会觉得这样耗时太多，根本不可能完成，其实这里面有一个窍门，那就是做大题时只要用关键词写出想到的答题要点就可以了，重点是对照答案后掌握题目的答题逻辑，找出自己遗漏的要点，并加以记忆。

另外，应学会复习已做过的题目。这是一项非常重要的工作。复习做过的试卷时，首先只看题目，列出自己想到的知识点，然后对照答案，检查遗漏了什么知识点，接着再对照自己以前答了什么知识点、漏了什么知识点。只有将自己过去的答题思路、现在的答题思路以及参考答案中的答题思路进行比较，找出自己思路的缺陷，反省总结获得正确答案需要的思路，我们才能吸取经验，不断进步。每一次试卷发下来，都应该按照这个方法将试卷重做一遍，包括每一次阶段性考试，这是在每一阶段提高自己非常有效的方法。

以上就是我对高三文综一轮复习的一些建议，希望能对同学们有所帮助。

各位家长，您的"时间都去哪儿了"？孩子不久就要进入准高三的模式了：每周回家休整一天；之后，孩子将升入高校，开启大学模式了：或许一学期才回家小住几天；再往后，孩子为了事业，在家的时间会越来越少……所以，要珍惜现在与孩子一起的时光，周末尽可能推掉应酬，关闭电视，放下手机，多陪陪孩子。请相信，您的时间在哪儿，哪儿就会开花！

祝家长、同学们阖家幸福！

班主任：徐怡华

2014 年 4 月 30 日

徐老师给你的悄悄话：

（以下是家长回函，请沿虚线剪下。）

_____同学的家长给徐老师的话：

_____

_____

_____

_____

十九、高二5月的信

此信背景：2014年6月，2015届的同学距离属于自己的高考只剩一年的时间了。

此信目的：给准高三学生鼓劲儿；向家长汇报孩子近两个月的学校活动。

高二（11）班的同学、家长：

今天是2014年5月30日，2014年高考的战鼓即将擂响。在为学生们祈福的同时，亦意味着离我们的高考仅剩一年的时间了。时不我待，同学们该"加速"了。

在网上看见这样一条励志公式：

$$1.01^{365}=37.8$$
$$0.99^{365}=0.03$$

1的365次方是1。1是指原地踏步，365天以后你还是原地踏步，还是那个"1"。

1.01＝1+0.01，也就是每天进步一点点。$1.01^{365}=37.78343433289>1$，也就是说，你每天进步一点点，一年以后，你将有很大的进步，远远大于"1"。

0.99＝1-0.01，也就是每天退步一点点。$0.99^{365}=0.02551796445229<1$。也就是说你每天退步一点点，一年以后，你将远远小于"1"，远远被人抛在后面，将"一事无成"。

同学们，从今天起，在接下来的一年时间里，只要坚持每天进步一点点，2015年的6月定能实现我们11班巾帼、须眉的梦想——壮我实验文科梦！

各位家长，四五月间，在繁重的课业学习之余，学校还举行了许多综合型课外活动，11班的同学积极参与，表现优异。在同学们身上充分展现了深圳实验学校的培养目标：人格健全、学业进步、特长明显、和谐发展。

各项活动的获奖名单如下：

（略）

同学们，2015年的号角已吹响！父母、老师、同学，是你征战2015的见证；你每天的读书笔记、作业、试卷，是你征战2015的伙伴。从今天起，在接下来的371天里，只要每天进步一点点，有毅力的你定能圆梦2015年的6月！

祝家长、同学们阖家幸福！

班主任：徐怡华

2014年5月30日

徐老师给你的悄悄话：

（以下是家长回函，请沿虚线剪下。）

_____同学的家长给徐老师的话：

_____

_____

_____

_____

二十、准高三的信

此信背景：2020 年 8 月，2021 届的同学即将开学，即将开启高中最后一年的学习和生活。

此信目的：给即将进入紧张且让人热血沸腾的备考岁月的学生做思想动员。

高三（4）班的每位同学：

恭喜你，终于高三了，终于是校园中的"老大"啦！

301 天后的你将迎来生命中一场重要的战役。"十年磨一剑"，应该是你此刻心情的写照吧？

此时此刻，我和你一样激动！尽管我早已过了"知天命"的年岁，尽管我已带了很多届高三毕业班，但我依然激动，因为我渴望看到你为了梦想而竭尽全力的样子，因为我期待着你笑傲2021 年 6 月，因为你在我心中独一无二。

高考是什么？是人生的大事，是你有生以来头一次重大事件。但我更愿意视它为一次历练，一次人生的历练。个中的收获乃是你此生一笔珍贵的财富！

因为是历练，所以绝非坦途！不过，亲爱的孩子，你绝不是一个人在战斗。我、老师们和你的父母就是你坚强的后盾。别担心，现在就让我悄悄地在你的行囊中装进一些祝福、一点忠告和几句叮咛。

当你忐忑不安，甚至开始怀疑自己的能力时，请对着天空狂吼几声："我能行！"是的，你能行！经过中考选拔、年级分班分流后今天仍然在4班的你已经证明了你的能力。你只是进入了学习的瓶颈期，你需要调整一下自己。去跑步、去打球、去跳绳……让身体分泌更多的内啡肽、多巴胺，它们能帮你赶走心里的阴霾。

当你紧张焦虑无法排解的时候，请想想你周围所有亲切的目光、微笑的容颜。请重温你快乐的时光、成功的画面，它会激起你心中潜藏的豪情与自信。请过来握着我的手、靠着我的肩，我会将我的力量和勇气传递给你。请记得，备考的路上，华姐是你最值得信赖的朋友。

你不必刻意追求或伪装平静，无论是眼前的六校第一次联考，还是未来无数的模考，甚至那场大考，适度的紧张（或者说兴奋）都是临战的最佳状态，更可以激发出你的潜能。科学实验证明：每个人体内都蕴藏着巨大潜能。所以，别有一点风吹草动就紧张过度，觉得自己没希望了。你行的，只要你不泄气，希望就一直在；只要你没趴下，什么也打不倒你。

平和心态，把利害得失都放在一边。音乐之所以动人，是因为它的节奏。保持自己的节奏，平心静气地专注于眼前的每一件事：按时早起、午休、晚寝；有计划地背书、做题、锻炼。这样，你就是在谱写一首属于你自己的华美的乐章！

备战高考的日子里，有专心致志、浑忘天地的时候，也有开怀大笑、酣畅淋漓的时刻，一切都和平常没什么两样。当来年的高考挟着6月的雷雨如期而至的时候，你早已成竹在胸、气定神闲——又一次考试而已！你早就做好了一切准备，就像一个行将出征的战士：练就了一身的本领，储备了弹药，擦亮了钢枪。到那时，你要做的就是昂首挺胸地步入考场！

十年磨一剑，孩子呀，该是你扬眉出剑的时候了！有一首歌唱得好："世间自有公道，付出总有回报！说到不如做到，要做就做最好！"

幸福是奋斗出来的！加油，2021届4班的同学们！

与你一起奋斗的华姐

2020年8月，高三开学前

高三（4）班的家长：

高三的孩子难，做高三孩子的家长亦难！家有高考生，这对许多家长来说是第一次，或许也是唯一的一次。究竟怎样做才有利于孩子的学习？怎样才算是个优秀的考生家长？在这里，我这个资深班主任谈几点看法，希望可以给您的陪考"事业"一些启发。

1. 培养孩子的自信心

高三的孩子压力巨大，且敏感脆弱。帮助他们自信而轻松地度过这一阶段，是家长陪考的首要任务。

（1）与孩子一起定一个既能激其斗志又能扬其自信的目标大学。这几天就定下来，8月10日一早我们班的高三启动仪式上，每个孩子要庄重地在"梦想号"车票上写下自己心仪的大学。

（2）平和心态。以平常心对待孩子和高考，时刻提醒自己：一个健康活泼的孩子比什么都重要！告诉孩子："只要尽力就行了，在我们心中，你无可替代。"

（3）多做朋友式的交流。在紧张的复习和一次次的模考中，孩子难免出现情绪的波动或心理问题，此时父母的理解、体谅和信任，是他们最好的"安慰剂"。

（4）欣赏孩子。欣赏孩子的点滴进步，并及时告诉孩子。这是他们最好的"强心剂"。

2. 营造和谐的家庭氛围

一个快乐温馨的家庭，有助于孩子心情的调整，进而提升复习质量。

（1）每周有个"家庭快乐时光"。运动、电影、美食……一至两小时的家庭集体"游戏"，既可化解彼此一周来的身心疲劳，又是孩子心灵的"加油站"。

（2）不把分数、高考挂在嘴边。不要每个周末孩子一回家就问成绩，不要每次与孩子聊天只谈高考。孩子的神经本已紧张，您频频"关心"的结果只会使他们更紧张、更烦躁、更焦虑。

（3）高挂"免战牌"。居家过日子，矛盾在所难免。但高三毕竟是特殊时期，所以夫妻之间不管有什么矛盾，都应尽量避免在孩子面前争吵。即使吵了，也别让孩子知道。家，是孩子备战的"大后方"，乱不得。

（4）做好资料（信息）的收集。收集时评、美文、高考信息，既能增加您与孩子的谈资，又能让您做一个及时掌握最新高考信息的优秀陪考家长。

3. 生活上适度的照顾

因为孩子住校，所以生活上只能适度照顾。

（1）每周备好孩子返校的"粮食"：牛奶、水果、茶叶、咖啡、提神的小零食。

（2）周末在家多煲"妈妈靓汤"等健康食品。

（3）密切关注孩子的身体。若有不适，及时带孩子到正规医院诊治。

最后，请您关闭我们班家长微信群的"消息免打扰"，及时了解孩子的在校情况、学校的相关安排及国家政策。注意，晚上十点半后不再往群里发送消息，谢谢您的理解。

孩子成功，是您与我的共同心愿。让我们家校携手，陪孩子走过高三。

谨祝工作顺利！阖家幸福！

高三（4）班班主任：徐怡华

2020 年 8 月，高三开学前

徐老师给你的悄悄话：

（以下是家长回函，请沿虚线剪下。）

_____

_____同学的家长给徐老师的话：

_____

_____

_____

_____

二十一、高三的第一封信

此信背景：9 月 1 日，是新学期正式开始的日子。已经补课一个月的高三学生需要一个新的、正式的开学仪式。

此信目的：在正式开学的第一天，给高三的学生"奋斗就是幸福"的引导。

高三（4）班的同学们：

恭喜你，终于成为高三的学生了，终于成为幸福的高三人了。

是的，幸福的高三！

估计同学们看到"幸福"二字，会认为我在唱高调，甚或认为这是文字游戏。记得第一次把这5个字写在黑板上时，有同学在下面大呼："老师，漏啦！""漏了什么？""引号，幸福上面应当有引号！"这样的对话引出一片笑声。有引号吗？没有！在我看来，高三应当是幸福的！

首先是因为你读到了高三。你读了12年书，也算个"知识分子"了（科举时代，你已经是举人了），你有了独立的意识，有了对自由的追求和向往，开始用自己的头脑思考问题；你接受了完整的基础教育，在得到知识的同时，也收获了友情，你已经有了自己的一个小世界。还有什么比这些更幸福的呢？

其次，因为高考制度，你拥有了上大学的机会，这让你有了更广阔的发展空间。能为美好的明天去奋斗，这是多么幸福的事情呀！

是的，奋斗是一种幸福！作为资深教师，我比一般人更了解高三的艰辛。我总说，过了这一关，新的天地就出现在你的眼前了。高三是苦一些，可是如果不付出一些代价，就无法跨越这道"槛"，退路是没有的！许多同学畏惧高考，是因为他们把结果看得太重。结果固然重要，但是比结果更有意义的是奋斗的过程。走过高三，再回望，你一定会为自己有这样一段经历而庆幸，因为这是你一生奋斗的起点。在以后的岁月中，你的路还可能有曲折，可能会有这样那样的磨难，但是你经历过高三，经历过高考，那时候你也许会说："高三都过来了，还有什么可怕的！"——那种感觉，真好！

其实，用相对集中的一段时间对高中3年所学的知识做一次系统梳理，并不是一件很困难的事，况且这种付出还是有价值的。人生有时候不得不做些当时看不到希望，却在以后岁月中能起作用的事。——退一步，这也是一种看问题的方法。

有位同学在"心语本"中写过这样一段话："如果有那么一天，我们不再需要拼搏，每个人都能轻松地进入自己心仪的大学；如果有那么一天，我们面前不再有任何困难和障碍；如果有那么一天，不需要再为就业而奋斗，所有的人都告诉我们：从此一片坦途，你们不需要奋斗了。那么，要我们这一代人干什么呢？"

说得太好了！没有什么能比在18岁时奋斗一场更幸福了。

高三是幸福的！幸福的高三属于你们——我亲爱的同学们！

班主任：徐怡华

2021年9月1日

徐老师给你的悄悄话：

二十二、教师节致高三（4）班同学的信

此信背景：2020年必将载入史册！这一年师生一起经历了太多，借教师节之际，与学生分享一些心里话。

此信目的：让学生了解老师、拉近师生间的距离；给学生一些高三的学法指导。

2021届4班的同学们：

教师节即将到来，这是个属于我们教师的节日。此刻，我有许多发自内心的、特别的话语想讲给你们——我亲爱的学生们。

　　两年前，同样火热的日子，你们来到深圳实验学校高中部，开启新的征程。老师们站在官龙山下，站在你们的视野里，为你们指点道路、竖起标杆、托起梦想。老师们奉献着，亦快乐着！

　　我理解你们，知道你们淹没于书海中的辛苦，我了解你们患得患失的心情，洞悉你们执着中的迷茫，懂得你们暂得解脱后的空虚……

　　可是，不做老师的你们哪里知道老师忍心抛下生病的孩子，在晨曦中来到学校靠的是怎样的信念支撑！

　　不做老师的你们哪里知道老师在课堂上忘记病痛、挥洒自如，引领一群知识殿堂的朝拜者们如痴如醉是多么的意气风发！

　　不做老师的你们又哪里知道老师带着一身的疲惫，踏着月光返家途中回味一天的工作是如何的充实而惬意！

　　这，就是老师的爱——不惧风吹日晒，哪顾腰酸背痛；甘享一生恬淡，永葆不老童心。宁愿深夜伴孤灯，宁愿放弃名和利，只为站在那里，为你们的远行引航。

　　老师的爱给了亲爱的你，因为你是老师眼中可爱的孩子！

　　聪明爱学的你是可爱的！你求知的眼神、豁然开朗的喜悦、课堂上积极的发言、课下执着的追问……这一切让老师看见了民族的希望。

　　充满活力的你是可爱的！你花儿般的笑靥、清晰的读书声、社团里的绽放、运动场上的拼搏……这一切让老师看见了生命的鲜活。

　　勤劳朴实的你是可爱的！你认真打扫教室，不放过任何角落；你细心擦拭黑板，不容一丝尘埃……在老师眼中那闪闪发光的岂是教室的黑板，那分明就是你质朴的心灵！

顽皮倔强的你也是可爱的！你的倔强顽皮固然会使老师伤心，但你的一丝悔改、些许进步，立刻会让老师满怀欣喜，这时的你，是老师的骄傲！

四季更替，2021年的高考已向我们走来，这是一场毅力的考验。你选择了太阳，你就拥有了阳光，但你也要接受炙烤；你选择了星辰，你就拥有了宁静，但你也要接受寂寞；你选择了付出，你就拥有了希望，但你也要接受考验！物欲横流之时，有太多诱惑。你必须懂得取舍，学会抵挡诱惑。"有所为，有所不为""淡泊以明志，宁静以致远""弓劲者箭必远"，在我们的备考时刻，这些古人的智慧尤显重要！

高三的学习已过去一个月了，在此提醒同学们：

1. 注意调整心态，有问题（包括学习问题和心理问题）及时找老师。记住，老师永远是最值得你信赖的朋友！

2. 把练习、考试的试卷装订成册，每册标注测试时间和范围，以便日后复习。

3. 重视限时训练、规范性训练，要练做题速度、做题的正确率、做题步骤的规范。

4. 加强锻炼，养成良好的饮食和作息习惯。切记不可打疲劳战。

过去两年，我陪同学们一同走进了井冈山，走出了疫情，未来的272天我们将携手迎接那场属于我们的战役。记住，你们的进步，是我的快乐；你们的快乐，是我的幸福；你们的幸福，是我的期望！

2020年，我们师生曾经共经风雨；2021年，我们师生必能共享彩虹！

班主任：徐怡华

2020 年 9 月 10 日

徐老师给你的悄悄话：

二十三、高三 9 月的信

此信背景：高三开学一个多月了，学生经历了各种考试，面对成绩，他们普遍出现了心理压力。

此信目的：给学生一些减压的方法；给家长一些陪考的策略。

高三（4）班的家长、同学们：

高三开学已经一个多月了，其间我们进行了第一次六校联考，还有各科的每周测试，考试和成绩给许多同学带来了心理压力，部分同学开始焦虑，脸上写满了"不开心"。华姐想说，只要高考一天没进行，我们就还有一天的努力机会！要想在考试中战胜别人，首先要学会战胜自己！从某种角度说，高考比的就是心理素质。那么如何摆脱苦闷、增强自信呢？

首先，要学会分析周测成绩不好的原因。是自己没有认真复习，还是考试不够专心？是题目太难，还是一时轻敌？是身体不佳，还是心情太糟？分析了"失败"的原因，然后"对症下药"，下次或许就会"东山再起"。

其次，要有知难而进的勇气。就算自己的基础不够扎实，就算自己真的落下了许多，也不可轻言放弃。应该认清自己的位置，在老师的帮助下查缺补漏，改进学习方法，制订自己的复习计划，并有条不紊地执行，争取利用剩下的时间迎头赶上。不怕起步晚，知难而进才是真好汉。

进入高三的你可能为了"与时间赛跑"而常常挑灯夜战，白天则常感头昏脑涨，靠咖啡、浓茶苦苦支撑。华姐想说，疲劳战术让你烦躁，影响效率，更影响信心。要学会打效率战，不打拖延战！每天要保证7小时左右的睡眠，哪怕睡不着，也要在固定时间躺到床上。充足的睡眠、适度的锻炼，有助于你负能量的释放。

正在看书的你可能忽然一股烦躁莫名地涌上心头：脑子不灵了、视力不清了、做题速度降低了。此时，华姐建议你离开书桌，做点让自己神清气爽的事：左右手抛会儿乒乓球、跳会儿绳、做几个蛙跳……最后再用左手拿杯（左撇子用右手）喝上一杯香茶或咖啡（晚上可以来杯花茶）。

同学们肯定有这样的体会：总是沉浸在不愉快的回忆中，或满脑子都是"我怎么学不好、记不住"时，情绪肯定低落、焦虑，且学习效率不高。同学们也一定发现了：华姐每天都会变着法子让同学们笑一笑、乐一乐。因为笑能使肌肉放松，清除神经紧张；能释放内啡肽，驱走负面情绪。同学们不妨每天主动多笑笑——沧海笑、江山笑、清风笑，方尊终将笑四方。（"四羊方尊"图案是我们的班徽；"志存高远盖四方，渐露锋芒定扬尊"是我们的口号。）

各位家长：

距离第一次六校联考已经过去6周了，国庆4天假期返校后，是年级的10月月考。

第一次联考结束后，我让孩子们填写了"复盘反思表"。以后每次大考结束我都会让孩子们填写一张，由孩子们自己保存……直到2021年的高考前。那时孩子们将所有的"复盘反思表"拿出来，再看一遍，告诉自己："我准备好了！"

今天，华姐建议各位家长将每次大考后的"家庭会议之成绩分析"提前到国庆假期期间，让孩子拿出一联"复盘反思表"，总结一下过去 6 周的学习，查查"计划"落实如何，预测一下这次的成绩和排名。高考陪考，有时我们需要打破常规，或许会有惊喜的效果！

祝家长、同学们国庆、中秋快乐！阖家幸福！

班主任：徐怡华

2020 年 9 月 30 日

徐老师给你的悄悄话：

（以下是家长回函，请沿虚线剪下。）

_____同学的家长给徐老师的话：

_____

_____

_____

_____

二十四、高三 10 月的信

此信背景：10 月月考成绩公布了，同学们又是几家欢喜几家愁。

2008 年汶川地震震惊了世界，也震痛了同学们的心。通过红十字会，我联系上了汶川孤儿肖留莎。由此，2009 届的 11 班与莎莎开始了"手牵手"的活动。

此信目的：给学生一些考试后的心理与方法指导；向家长汇报我们与汶川孤儿肖留莎的"手牵手"活动。

高三（11）班的家长、同学们：

今天，10月月考的成绩出来了，如何看待月考成绩呢？华姐给大家一些建议。

1. 端正心态，正确看待考试成绩

学校的考试一般可分为两类。一类是"选拔性考试"，如中考、高考等；一类是"非选拔性考试"，如月考、期中考试、期末考试等。

需要注意的是，这些"非选拔性考试"都是为了最终的"选拔性考试"服务的。所以，不要把目光停留在"考试成绩"上，而应该把更多的注意力放到"考试中所暴露的问题"上来。

"月考"只是检测我们对一个阶段所学知识掌握程度的一种手段，所以，考得好，没必要沾沾自喜，甚至是骄傲自满；考得不好，也不用自怨自艾，甚至丧失学习的信心。

2. 分析考卷，做好考后总结

月考之后，及时回顾，分析本次考试中暴露的不足，才是明智之举。考后总结可以分为以下3个方面：

（1）月考整体总结：本次考试（包括各科分数、排名等）是否达到了自己的预期？如果没有达到预期，问题出在哪个环节？是预习、听课、复习做得不够好，还是因为考试时过度紧张？同时要思考一下下次考试的目标。如果达到了预期，则要总结这一阶段好的学习习惯和方法，继续保持，不断优化。

（2）考试技巧总结：这次月考考试中的时间安排合理吗？有没有遵循"先易后难"的原则？有没有因为只顾着做难题，或者时间分配不合理，而导致"很多会的题目来不及做"的情况发生？有没有出现填错答题卡的情况？

（3）知识点的总结：对试卷上的错题所涉及的知识点，要做系统、全面的复习，不要只是"就题论题"，要尽量做到"举一反三"，学会总结题型和规律。

3. 制订下一阶段的提升计划

针对上面 3 方面的总结，有针对性地制订下一阶段的"学习提升计划"。请充分利用华姐给同学们的"复盘反思表"。

4. 总结

月考只是对我们一个阶段学习成果的评估，不要总是盯着分数，关键是要弄清楚"丢分的原因"，及时弥补这一阶段的不足。

学习其实就是一个不断发现问题、解决问题的过程，成绩不理想的背后是"问题的暴露"，只有及时进行总结和反思，采取针对性的补救措施，才能不断进步。

下面给各位家长讲讲高三（11）班与汶川孤儿肖留莎的"手牵手"活动。

2008 年 5 月 12 日的汶川地震震惊了世界。5 月 13 日的自习课，当我用哽咽的声音念完了报纸上的一段报道后，同学们开始了自发捐款：20 元、50 元、100 元……许多同学把身上一周的零用钱全捐了出来。我们班是全校第一个自发为灾区捐款的班级。

滚动的灾情播报，使我和同学们的心越来越疼——那么多地震孤儿，生活上、物质上有政府、慈善机构帮助，但心灵上的那份恐惧、那份孤寂却是今生挥之不去的伤痛！同学们和我都希望能伸出援手。

通过同事和朋友帮忙，一个月后，我终于找到了她——汶川孤儿肖留莎，一个在绵竹中学高一年级就读的孩子，一个同学们的同龄人。

就这样，我们班启动了与汶川孤儿肖留莎的"手牵手"活动：

1. 实体书信交流：由天慧、姗姗两人与莎莎建立笔友关系。

（说明：与莎莎书信交流的同学不能多，以免增加她的负担。）

2.电子通信交流：手机短信、QQ空间留言。（说明：此交流方式主要在放假期间。今年8月5日是莎莎的17岁生日，当天她收到了我们全班同学铺天盖地的短信祝福。）

3.每月爱心捐款：班级为莎莎专设一个捐款箱，同学们自觉每人每月投币一次，多少不拘。月底清点捐款箱。

4.选购邮寄图书：每月末，以宿舍为单位，用班级捐款箱里的钱为莎莎选购、邮寄图书。不足款项由本次购书小组成员分担。（说明：生命的质量需要锻铸，阅读是锻铸的重要一环。以宿舍为单位，莎莎因此可以读到全班38位同学品味各异的书籍，因而更可开阔她的视野；以宿舍为单位，至明年6月高考前，正好每间宿舍轮一次。）

历经劫难、痛失双亲的女孩肖留莎，在孤身奋战未来的人生路上，最需要的是精神与心灵上的"牵手"。高三（11）班的同学们，因为莎莎的存在而多了份悲天悯人的情怀，多了份责任感，多了份使命感。这不是应景的"牵手"，而是今生的牵手！2009届（11）班，将因莎莎而永远存在！

《张爱玲精选集》《简·爱》《相约星期二》《围城》《姐姐——一个父亲的札记》《人与永恒》，这是10月班里7位男生给莎莎选购的图书书目，这是男孩们给莎莎的精神关怀！

在这里，我也真诚地希望各位家长有空读读《相约星期二》，这样亦可增加您与孩子的谈资。因为许多同学读过此书，而从10月开始，每周的班会我都会安排同学们朗读其中的一段。

各位家长，关于我们班同学与汶川孤儿肖留莎的"手牵手"活动，您还有何建议，请写在回执里，感谢您对我们活动的支持！

祝同学、家长们身体健康！阖家幸福！

班主任：徐怡华

2008 年 10 月 31 日

徐老师给你的悄悄话：

（以下是家长回函，请沿虚线剪下。）

_____同学的家长给徐老师的话：

_____

_____

_____

_____

二十五、高三 11 月的信

此信背景：高考不仅仅是孩子的备考，也是家长的"备考"。老师需要根据高三复习阶段的变化，给学生和家长不同的备考指导。

此信目的：给距高考 180 多天的陪考家长一些家庭教育的指导；给陷入高三疲怠期的同学们一些心理与学法上的指导。

高三（11）班的家长：

您好！还有 180 多天您的孩子就要走向高考的考场。作为考生的父母，如何把自己定位在一个恰当的位置，是一个十分重要的问题。特别是在总复习阶段，在接踵而至的模拟考试前后，家长的定位尤其重要。为了让您的孩子平稳地走过这180多天，我建议您在近期的家庭教育中注意以下几点。

学习上少唠叨。总复习阶段，许多孩子不希望家长在学业上介入过多、过细。一两次的考试失误并不能说明孩子的真正实力，不必过度紧张，也不必急着给孩子找家教，不必忙着给孩子收集各省市的复习资料。您的唠叨和紧张反而会增加孩子的心理负担。其实，高三的复习备考已由孩子们的任课老师统筹安排，正在有序进行着。您不必过多干预，一般只是询问一下复习计划、薄弱学科，督促孩子按老师的要求进行复习，抓好薄弱环节，就可以了。

生活上多照顾。此时的孩子最需要的是身体及心理上的营养补给。周日返校时给孩子多带些牛奶、水果等食品；周日尽量不办公、不应酬，做几个孩子喜欢的菜，与孩子散散步、聊聊天，一起看看孩子喜欢的电视节目，过一个健康而快乐的"家庭日"。

心情上放轻松。在孩子面前，要隐藏您"望子成龙"的急切而焦虑的心情。您的孩子已经面临巨大的精神压力，烦躁、忧虑，甚至失望。此时的您应该是一位优秀的心理医生，给孩子创造一个释放压力的环境，让孩子把心里的话说出来。少点埋怨，多点关心；少点批评，多点鼓励。

多沟通、多联系。建议您每天与孩子通个电话，经常与我及任课老师联系。时刻关注孩子的情绪，了解孩子的状态。及时发现孩子的异常，及时疏导，及时解决。

各位家长，希望我们家校携手，给孩子们营造一个良好的家庭、班级环境，陪伴他们一起走过这段"痛并快乐着"的高三岁月。

孩子的成功，是您与我的共同心愿！

高三（11）班的同学们：

让我们一起来思考一个有趣的问题：

自古希腊以来，人们一直试图达到 4 分钟跑完 1 英里（约合 1.61 千米）的目标。人们为了达到这个目标，曾让狮子追赶奔跑者，也曾喝过真正的虎奶，但是都没实现这个目标。

于是，许许多多医生、教练员和运动员断言：要人在 4 分钟内跑完 1 英里的路程，那是绝不可能的。因为我们的骨骼结构不允许，肺活量不够，风的阻力又太大，理由实在很多很多。

然而，1954 年，有一个人打破了人们心目中的人类极限，以约 3 分 59 秒的成绩跑完了 1 英里，证明那些医生、教练员和运动员的断言都错了。此人就是英国运动员罗杰·班尼斯特。

一马当先引来了万马奔腾。此后一年，又有 300 名运动员在 4 分钟内跑完了 1 英里的路程。

训练技术并没有重大突破，人类的骨骼结构也没有突然改善，数千年来被认为是根本不可能的事情，为什么就实现了呢？

因为有人没放弃，因为有了榜样的力量！

第二次六校联考成绩已揭晓，同学们取得了相当好的成绩。其中文科数学、英语、文科基础、历史均分排在所有参考学校的第一；小欣、小娴、小芸、小魏、姗姗、玲玲、芬芬、小易等同学在总分与排名上都取得了巨大的进步！

当然，我们在分析成绩的时候，亦必须正视我们的不足：同学们的总分与六校中的文科"状元"688.5 分差距甚远；我们的文科基础均分第一，只能说明同学们的平均水平不错，但与兄弟学校的高手仍差了 10 到 20 分。特别是文科基础中的化学、政治，已成为同学们的软肋。

文科基础之所以成为我们的软肋，是因为之前我们重视不够。深圳实验学校高中部还从来没有文科基础的早读，那就从我们2009届的11班开始吧！我建议每天早上同学们提前10分钟进教室，自习文科基础。这样，我们每周就有50分钟自习文科基础的时间，一个月下来，我们就等于比别人多上了五节文科基础课！

说到做到！这些天早上，每当我推开我们班教室大门时，看到的是与仍然喧嚣的校园截然不同的场景。欣慰之余我感叹：有差距，没关系，只要我们加劲干；有差距，是好事，它正是我们追赶的目标！

12月了，同学们很容易陷入高三的疲惫期，在这里给同学们一些小建议：

1. 找到坚持的理由。想想自己的责任，想想过程的乐趣，想想成功的喜悦，总有一个理由让你感动，总有一个理由让你坚持。也许你一直都很自信，但你得有耐心——在痛苦的时候再坚持一下。

2. 在过程中体验成功。在你解答一个难题后，在你完成一套试卷后，在你豁然明了后，在你发现规律后，你便体验了成功的喜悦。享受过程，快乐每一天！

3. 自己给自己力量。鼓励自己的最好方法是欣赏自己，用欣赏调节每天的心情。

秋天是收获的季节，我们却在播种。道路可能很艰苦，但我们是朝着太阳的方向前进的！加油，我们一起加油！

班主任：徐怡华

2008年11月28日

徐老师给你的悄悄话：

（以下是家长回函，请沿虚线剪下。）

_____同学的家长给徐老师的话：

_____

_____

_____

_____

二十六、高三12月的信

此信背景：2020年即将过去了，我们要回望过去，也要展望属于我们的2021年！

此信目的：给学生和家长备考指导。

高三（4）班的家长、同学们：

今天上午我上了2020年的最后一节课，送了"两份历史的名单"给同学们，一份是清朝的科举状元名单，一份是清朝的落第秀才名单。我让同学们思考：为什么曾经声名显赫的人早已被人遗忘，而当时默默无闻的人，却又被后人记着？这样做的目的是让同学们懂得，只有那些经得住时间过滤的东西，才能存留久远不会湮灭。

两份名单给我们的启示是：起点高的人应该警醒，因为小时了了，大未必佳，由此要懂得不气傲。起点低的人应该自信，因为小时未了了，大时未必不佳，由此要懂得不气馁。

2020年自今天结束，2021年从明天开始。愿你既有前程可奔赴，也有岁月可回首！

高三实苦，但请相信，努力终将不负！

高三的苦与累，只写在沙滩上，会被岁月的浪潮带走。而那种拼搏与不服输的精神，将刻于生命的石碑，铸成人生的路牌，经得起一生回眸。

4班的同学们，珍惜这段一心向上的岁月吧，用你的汗水，去浇筑属于你的2021。

"成大事者，但问耕耘，莫问收获"（曾国藩语），与家长、同学们共勉。

下面回答一些同学、家长最近的高频问题：

问题一：父母对我期望很高，我怕令他们失望，怎么办？

华姐给父母的建议：告诉孩子，爸爸妈妈对你期望高是因为在我们心中，你是最棒的，是我们的骄傲。我们最渴望的是你一生的幸福，最自豪的是你勇于拼搏、永不放弃的精神。把爸爸妈妈的期望当成动力吧，只要你微笑面对，父母就会欣慰。无论结果怎样，只要你尽力了，我们都能接受。

下面是给孩子，也是给父母的话：人生追求的不仅仅是结果，更是一种希望、一种精神。过程比结果更重要！过程对了，结果自然不会差！一定要心无旁骛地好好跟上，配合老师们的复习节奏！

问题二：制定的目标达不到，计划总是完不成，怎么办？

华姐给你的建议：先要树立一个大的目标，这样才有机会靠近这个目标。所谓，取法乎上，得乎其中；取法乎中，得乎其下。8月10日华姐让同学们写的"心仪大学"，就是对自己的鞭策。如果你不想被"打脸"，那你最好努力证明你说的话是能够做到的。

既然有做到更好的潜力，为什么不去做呢？当然可以根据实际情况适当调整自己的目标和计划，分阶段完成。

问题三：暂时进入"尖子生团队"同学的困惑：如何提升自己的薄弱学科？

华姐给你的建议：用我们班级的定制信笺，每周将自己薄弱学科的知识进行梳理（网格式的、导图式的、陈列式的……），然后将信笺"上墙"——钉在班级后面的告示栏上。每周用这种方式逼自己一把，直到高考。每周定时、定科专注梳理。

问题四：暂时没有进入"尖子生团队"同学的困惑：如何提升学科成绩？

华姐给你的建议：尖子生团队"信笺"的分享，是学科精华！每天、每科好好地看。周末在班级微信群里下载本周的"信笺"，可针对自己薄弱的学科适当增补笔记。如此，便能不断查漏补缺，完善自己的知识体系。

信笺分享体现出我们4班是一个"学习共同体"。

祝同学、家长们新年愉快！

班主任：徐怡华

2020 年 12 月 30 日

徐老师给你的悄悄话：

（以下是家长回函，请沿虚线剪下。）

_____同学的家长给徐老师的话：

_____

_____

二十七、高三寒假的信

此信背景：2021届的同学马上就要放寒假了，这也是高中学段的最后一个寒假、高考前的最后一个长假期。

此信目的：告诉家长、学生面对高考应有的态度；给学生一些寒假建议。

高三（4）班的家长、同学们：

同学们的高考年在八省联考中拉开了帷幕，考试结束后，同学们和家长们的内心是五味杂陈的。

但无论如何，同学们要感谢这次联考，因为它给我们增加了一次完整、真实体验高考的机会，让我们知道自己还有很大的提升空间；家长们也要感谢这次联考，因为等成绩公布后，家长可以在网上模拟大学、专业的报名，可以熟悉大学的报名程序，为6月底正式的报名做好热身。

这就是八省联考的意义！

今天下午开始，同学们就将开启高中学段最后一个长假——长达21天的寒假了。心理学上有一个"21天效应"，21天，可以养成习惯。2021届的4班，21天，可以扭转乾坤。

如何扭转乾坤，华姐给同学们4条建议：

1. 面对高考的态度：人生路虽漫长，但紧要处却只有几步。走好了，会影响你的一生。高考，就是其中的"一步"。"拼"会改变命运，"搏"会创造奇迹。

2. 面对寒假的态度：高三假期尽量不看小说、不玩手游、不沉迷朋友圈、不聚会……

3. 手机不仅是学习工具，是每天（每周）网上提交作业的工具，还是私信请教老师问题的工具！

4. 制定21天学习目标，用表格、清单进行时间规划。将自己的"规划"和华姐设计的"2021高考倒计时日历"钉在书桌前（抬头可见）。睡前，总结一天的学习，在日历上来个"笑脸式评价"（按完成度给不同的"脸"：90%为咧嘴笑脸，80%为平嘴脸，80%以下为哭脸）。要力争"赚"21个笑脸。华姐知道这很难，若真实现了，21天后你一定会收到一份"华姐牌"小礼物。

如何扭转乾坤，华姐给家长们4条建议：

1. 疫情下的中国年，响应国家号召，留深圳过牛年。

2. 不带孩子走访亲友，也尽量谢绝亲友登门拜年。

3. 营造和乐的家庭氛围。保持平常心，控制自己的情绪，不在言语和行动上给孩子增添压力。

4. 每周六，在我们班的家长群里晒晒孩子在"2021高考倒计时日历"上的笑脸。目的是要告诉孩子："你不是一个人在战斗！2021年的高考路上，是我们一家人，我们4班的所有同学、老师陪着你一起战斗！"一周晒一次笑脸，也是一种群体监督方式。一人快，众人远。备战2021年的高考，我们4班一个都不能少！

对于同学们来说，这个短短的21天的寒假，是高考前休整的驿站，是调整身心、养精蓄锐、补充弹药的加油站。为了6月的"扬尊"，4班的同学们，努力，努力，再努力！

对于各位家长来说，这个短短的21天的寒假，是高考前与孩子一起度过的最后一个长假。请多点陪伴、多点鼓励、多点耐心。让家，成为孩子的避风港、加油站。

祝各位家长、同学春节愉快！阖家幸福！

班主任：徐怡华

2021 年 1 月 29 日

附："2021 高考倒计时日历"（已打印发下）

徐老师给你的悄悄话：

（以下是家长回函，请沿虚线剪下。）

_____同学的家长给徐老师的话：

_____

_____

_____

_____

二十八、高三 3 月的信

此信背景：深圳一模、广东一模考试已结束，距离 2018 年的高考还有 70 多天。

此信目的：引导家长、学生用正确的态度面对模考成绩；介绍一些高考最后的冲刺方法。

高三（12）班的家长、同学们：

你们好！

深圳、广东一模考试已结束，成绩也已出来。一模考试的成绩影响着每一位同学、每个家庭的情绪。在这里我想说，不要把模考成绩看得太重，因为模考毕竟不是高考。不管成绩好坏，有所发现、有所收获、有所提高是最重要的。对待模考的态度应该是，考试之前把它当作高考，考试之后告诉自己这只是模考。

"诊断"功能是模考最重要的功能！模考的过程和结果除了展现同学们前段时间复习的成果之外，还会暴露出你在知识掌握、知识的灵活运用乃至心理方面的各种问题。所以，一模考试的过程和结果是你日后复习备考的有力参照。同学们应该从一模考试的"实战"中做好知识和能力的总结（找出自己哪个学科、哪部分知识比较薄弱）、考试策略的总结（考前准备、答卷时间分配、答题技巧等）和考试心态的调整。如果用一个流程图来表示模考的功能，就是：全面检测→发现问题→总结反思→解决问题。

我国教育学、心理学专家曾进行过"20个因素在高考中的作用"的研究，对2006年考入北京大学的51名各省状元的调查显示，考试中的心态、考试前的心态、学习方法、学习基础在高考中的作用分别名列一、二、三、四位。

专家就此提出一个公式：心态＋实力＝高考成功。

实力是硬件，就是考生掌握知识的水平；心态是软件，就是考生的心理调节状况。但是在硬件水平都差不多的情况下，软件水平就起到了决定性的作用。专家认为，心理调节得好，总分能提高20—50分。

所以，12班的同学们，如果你觉得紧张焦虑、模考没能正常发挥，如果你觉得无法自我调解，请告诉老师、告诉父母，我们是你最好的"心理医生"。

备战高考，信念与效率高于一切。

静静是我的2009届学生。高三上学期，她在全年级3个文科班100多名学生中，排在30名左右。高考前4个月她突击发力，最后以669分被中国香港大学商学院录取。下面是她最后拼搏阶段的作息时间表：

早上：早晨是记忆力最好的时光

6:00 起床

6:20 操场慢跑，边跑边听英语

早餐后、早读前背文综

午间：中午就该认认真真地休息

12:00 午餐、聊天——闺蜜的欢乐时光

12:30 写作业

13:10 上床午休

晚上：晚自习是一天中最有效率的时光

完成作业后，按自己的计划复习

23:30 就寝

在最后的冲刺阶段，需要高效的学习、充足的睡眠和适当的运动，需把心态调整到最高的兴奋点。

12 班的同学们，如果你还在用牺牲睡眠的方式来"苦干"的话，请你即刻停止这种事倍功半的学习方式！

距离高考还有两个多月，此时的我们需要用科学的方法使知识点"颗粒归仓"。

方法一：用考试大纲梳理知识点。

高考是按 2018 年的考试大纲和各科课程标准进行命题的。所以，同学们应该"吃透"考试大纲，对照考试大纲把考点全面细致地梳理一遍。

方法二：强化优势科目。

在时间不多的状况下，"补弱"不是一个好方法。对很多同学而言，"补弱"是一件"痛苦"的事情，有的时候无论怎样用功，"弱势"仍不见好转。因此，建议基础相对薄弱的同学扬长避短，

明确自身优势，以考试大纲为依据，采用多点（优势）进攻、分割包围的战术，提高备考效率。

同学们，请相信，一个一心向着自己目标前进的人，整个世界都会给他让路。

同学们，请明白，你的成功，是老师和家长最大的心愿！

祝同学们、家长们阖家幸福！

班主任：徐怡华

2018 年 3 月 20 日

附高三历次考试成绩（略）

（以下是家长回函，请沿虚线剪下。）

_____同学的家长给徐老师的话：

_____

_____

_____

_____

二十九、高考前 16 天给学生的信

此信背景：距离高考还有 16 天。

此信目的：给即将奔赴高考考场的学生最后的心理辅导及考前叮嘱。

高三（11）班的同学们：

辛苦了！16 天后，你们将拼搏于高考的考场！华姐期待在 6

月的艳阳里见到你们最灿烂的笑靥！

高考在即，静则思明！在剩下的 16 天时间里，希望你们以"舍我其谁"的心理和态度坦然面对、积极准备。高考是一场综合考试，比拼的不只是智力，还有你的身体、你的精神、你的心理。拥有最佳的身体状况和一颗平静的心，将有助于你在考场上的稳定发挥。

高考前夕，没有必要再为"题"狂了。这个时候，重要的是利用仅有的时间，依据考纲把知识重新梳理一遍。重新审视自己在平时都犯了哪些不该犯的错误，千万别在高考中留遗憾！回归课本，回看试卷（错题本），复习以前漏掉的知识是这个时候最为有效的方法！不再做难题，不再做新的题目，以免自信心受打击。

万事俱备，只等高考。紧张不能替代高考，你应该仔细做好考前准备工作：

1. 6 月 6 日下午务必到中学部熟悉考场，了解自己所在的考场、从家里或酒店至考场的路线及交通情况等。

2. 用一个无色透明的塑胶文件袋（华姐已为同学们准备好）装好所有的考试用品：准考证、身份证、黑色水笔、2B 铅笔、橡皮擦、作图工具、适量纸巾等。如有需要，可带上一瓶矿泉水。

3. 注意交通安全，保证准时到达。宁早勿晚，切不可踩着时间点慌慌张张地赶到考场。

4. 最后半个月里，按高考的时间，调整自己的生物钟，绝不熬夜。

正式考试时应注意的事项：

1. 进入考场坐定后，将考试用品放到桌子上方。闭目，做几个深呼吸，让情绪尽快安定下来。

2.拿到试卷后，立刻填涂姓名、考号、选做题信息点等相关资料。务必仔细检查，确保准确无误！

3.考试的基本常识：不能使用涂改液，答错的题目用线划去，不可随意在答题卷上圈点，不要折叠、弄皱答题卷。

4.技术层面的问题：(1) 在答题卷上书写答案时，不能用力太小或用力不均匀，否则会影响扫描。(2) 答题卷上要字迹工整，只能在规定的范围（答题的线框）内作答，即使要做必要的修改，也不能超出范围。

5.答题前，一定要利用看卷的时间，适当放松自己，避免在考场上出现因为紧张而导致的不必要的错误。如混淆了铅笔和签字笔、弄错答题顺序、将甲题的答案错填到乙题的答题框内等。

6.历史、政治考卷要重视答题语言，使用专业术语。把最重要的写在前面，次要的写在后面，拿不定的放在最后。

7.作答完毕，要细心检查，绝不放过任何一个得分机会，把失分尽量降到最低。

最后，提醒同学们，高考期间如遇到问题要及时与我或带队老师联系，我们会尽最大努力帮助你，解决你的困难。

十二载苦读为今朝，人生一搏在此刻。同学们，此刻，请重温你们高三时的誓言。16天后，抬头挺胸、自信地迈入高考的考场。

祝同学们高考成功！

班主任：徐怡华

2009 年 5 月 22 日

三十、高中三年最后的信

从这里出发

——给2018届12班的信

三年前，缘起花开；三年后，缘未尽，花盛开。

在深圳实验学校高中部的一千多个日夜，每天，我们都被一种热情、一种纯真感动着；每天，我们都在用心共同期盼着一个金色的梦……

终于，今天，亲爱的同学们，你们背好了行囊，就要载着理想去远航了。

离别时，蓦然回首，昨日那璀璨的晨曦朝阳、那甜美的月华星光，又清晰地浮现在我那化不开、剪不断、理还乱的浓浓离情中了……

忘不了，军训场上你们那英武挺拔、气宇轩昂的军姿，井冈山的篝火，下七的晚餐，飞扬的青春。

忘不了，排球、篮球、足球、跳绳……校运会带来的感动，桥梁、拼图、定向越野……科技节展现的智慧，《圆明园》、《唐顿庄园》、版画、歌舞……艺术节呈现的风采。

忘不了，女儿节、茶道课、急救课、插花课、"心语"……只属于我们2018届12班记忆的特色班级活动。

忘不了，教室里、讲台上、连廊中、榕树下、灯光里那些朗声诵读、伏案奋笔的励志身影……

同学们，就要告别了，每当此时，我总会想起一位在实验度过12年的"实验宝宝"给母校的留言："在众多太出色的实验人中，我是平凡的一个，但我是独一无二的那一个。总有一天，实验会以我为荣，就像这么多年来，我以实验为荣一样！"我坚信，这位学长的话语，也是我们12班同学的心声。

同学们，我们的告别，既是你们中学时代的结束，也是你们人生旅途的新起点。可记得《深圳实验学校校歌》的最后一句？"看我们从这里出发，走向光辉前程！"

因为有缘，我们走到了一起；

因为相知，我们才有了惜别。

生命的存在本身就是一次对聚散离合的情感守候！

你们的华姐祝福你们，

从这里出发吧，走向光辉的前程！

未来属于你们！

班主任：徐怡华

2018 年 6 月 6 日

第三节　名班主任工作室主题班会案例

一、以文化引领新生

班会活动背景：校园文化是校园生活的重要组成部分，它对学生和教师的成长、教师的授课方式和学校的方针政策产生了深远的影响。新生入学后对校园文化的学习和接受的过程，在某种程度上是新生适应高中生活的过程。因此，在新生入学之初，教师如何"润物细无声"地将校园文化与新生教育有机结合是一个值得深思与研究的问题。

班会活动主题：以文化引领新生。

班会活动目的：

1. 认知目标：对本校的校园文化有一个初步的认识和了解。

2.能力目标：将校园文化融入个人日常生活和行为习惯之中。

3.情感目标：对本校的校园文化产生认同感，最终对学校产生归属感。

班会活动准备：

1.班会课课件。

2.招募新生主持一名。

3.背景音乐：《光阴的故事》《那些花儿》。

4.准备活动需要的小纸条和小锦囊。

5.本校校园文化宣传视频。

班会活动形式：短剧及互动点评。

班会活动过程：

1.初识校园文化

主持人：同学们，大家好！虽然我们来自不同的地方，但缘分最终使我们在这里相遇。校园是我们学习的地方，初来乍到的我们对学校充满期待。现在，我们先欣赏一下我们校园文化的宣传视频，了解一下我们即将奋斗三年的地方吧。

（教师播放校园文化宣传视频。）

设计此环节目的：

教师以视频的形式向新生展示校园文化，帮助学生了解新校园的校园文化，给予学生心理期待，为下一个环节做好心理铺垫。

2.我心中的校园文化

主持人：同学们，看完宣传视频以后，相信大家肯定对一个词印象深刻，它是我们学校校园文化的核心。它就是尊重。现在，请同学们以"尊重是_____"为例，描述什么是尊重。

（同学们发言。）

主持人：感谢大家的积极发言。由于时间关系，我们没办法让所有同学都畅所欲言了。同学们聊了很多，有的同学认为我们应该尊重他人，有的同学认为我们应该尊重纪律，也有的同学认为我们应该尊重大自然。现在，请同学们将你对尊重的描述写在小纸条上。我们把范围缩小一点，你认为，尊重在我们的校园生活里意味着什么？写完后将纸条塞到桌面上的锦囊里面，并将锦囊交给我。

此环节设计目的：

在了解校园文化的基础上，借助班会课的机会，为新生提供一个畅所欲言和展现自我的机会。学生们在讨论中不断拓展校园文化的外延，最后，在主持人的引导下，将校园文化的概念缩小到日常校园生活之中。在思维激荡的过程中，学生深化了对校园文化的理解，更重要的是活跃了新班级的氛围，增强了班级的凝聚力。

3.成长与校园文化

班主任：感谢主持人，同时感谢在座的各位同学。虽然初入校园，但是我能从你们身上感受到彼此的"尊重"。在刚刚的互动过程中，不发言的同学都可以做到安静地聆听，发言的同学都充分地尊重他人的观点。虽然有的同学之间意见相左，但是他们也能做到求同存异。希望大家可以在以后的生活中继续保持这种优良的作风和品质。请大家为自己刚才的表现鼓掌。

（同学们鼓掌。）

从大家刚才的发言中，我们可以看到尊重是无处不在的，它包含在我们生活的方方面面。我们即将在新的校园环境里相互学习、共同成长。现在我们来看看，经过整理后，大家如何理解和描述校园生活中的尊重。有请我们的主持人上台。

主持人：谢谢老师和同学们。经过整理，大家对尊重的理解和描述主要包括以下几个方面：宿舍生活、班级学习、人际交往和学习规律。现在，让我们一起观赏情景剧《校园十二时辰》，一同寻找与辨析情景剧中哪些人做到了尊重，哪些人没有做到，并且谈谈你们的思考与感悟。有请演员们。

情景一：

地点：教室内

时间：自习课

（同学 A、B 和同学 C、D 两对同桌同时开始表演。）

同学 A：（音量低）这道题怎么做？

同学 B：（音量低）我也不知道啊。答案是不是在原文的这一段？

同学 A：（音量渐强）不是吧，怎么会在这里。这里明明问的是表现了人物什么样的性格特点。你找的这一段是景物描写。

同学 B：（音量渐强）景物描写也有可能是间接描写啊，怎么就不可能了？

同学 C：（音量低）这道数学题好难啊，你会写吗？

同学 D：（音量低）我不会，你别烦我。

同学 C：（音量低）真的很难，好想回家。

同学 D：（音量渐强）对啊，我也好想回家，我想回家看剧，放松一下心情。

同学 C：（音量渐强）最近出了一部新剧，叫《仲夏满天心》。

值日班长：请大家安静一点，现在是自习课。A、B 和 C、D，你们一直很吵，我要记下你们的名字。

同学 A：我们是在讨论问题，不是在聊天，而且我们声音很小的。

同学 C：我们也是在讨论问题，也没有很大声。教室那么大，就我们两个人低声讨论问题，能吵到哪里去？

主持人：同学们，请问你们怎么看？接下来，有请下一组演员。

情景二：

地点：教室外

时间：早读开始后 2 分钟

同学 A：（气喘吁吁地）不好意思，我今天起晚了，迟到了两分钟。

纪律检查员：迟到了就是迟到了，根据学校的规定，要扣除个人分数 2 分，同时扣除班级分数 1 分。请您在检查单上签字。

同学 A：（恳求）真的不好意思，请问你可以给我一次机会吗？今天闹钟坏了，我真的不是故意的。你看看我，气喘吁吁地赶过来，我知道这是不对的了。你能不能高抬贵手，让我静悄悄地进去，绝对不会打扰到任何人。我下次再也不敢了。

纪律检查员：同学，不好意思，这是学校的规定。我也只是按照学校的规章制度执行而已，请您理解和配合。具体的情况你可以和班主任老师沟通一下，我相信他会做出判断的。

同学 A：（愤怒地）你怎么就那么不近人情呢！我又不是故意的，你可不可以不要那么死板，给我一次机会又怎么了？规章制度是死的，人是活的。我都知道不对了，你怎么还要扣我的分啊！到时候老师和家长肯定会骂我的，同学也会埋怨我拖了班级的后腿。都怪你！

纪律检查员：同学，我也是依照学校的规章制度执行，这一次迟到了，下一次不要迟到就好了。

主持人：感谢两位同学的精彩表演。相信同学们对这两个场景都十分熟悉，请同学们将你们的想法留在心底，或者记录在本子上。我们稍后会有讨论的环节。现在，请同学们继续欣赏下一个情景。

情景三：

地点：操场上

时间：下午放学后

（同学A与同学B因为打篮球发生肢体碰撞，B同学倒地。）

同学A：不好意思，刚刚一时没注意，动作太大了。快起来吧！
（伸手去扶B同学）

同学B：（握住他的手站起来）没事，我也没注意。打球嘛，肢体碰撞很正常。你没事吧？

同学A：没事没事，那我们继续吧！这次我们都注意一下。

同学B：好！

（此时，王老师路过。）

同学A和同学B：王老师下午好。

王老师：你们好，锻炼身体时要注意安全。同学之间互相礼让，注意文明用语。

同学A和同学B：好的！谢谢老师提醒。

（王老师、同学A和同学B下场。男同学C和女同学D上场。）

男同学C：太好了，我们又在同一所学校上学了。真是缘分啊！我们6岁相识，到现在已经有10年了。人生难得有这样的好朋友。

女同学D：对啊！你这家伙，从小就爱欺负我。咱们也打打闹闹地认识10年了。说真的，看到一大堆新同学，我真的好紧张。我怕没办法和他们好好相处。幸好有你在。

男同学C：（开玩笑般搂住女同学D的脖子）你放心吧，有我这个大哥哥在，谁敢欺负你啊！以后你有什么烦心事，一定要和我说。

女同学D：（挣脱）你注意一下，虽然我们很熟，但是我们还是要注意。男女之间还是要保持正常的社交距离。下次别这样了，不然我就生气了。

男同学C：（愧疚地）不好意思，我一时没注意。我以后一定不会这样了。

主持人：感谢几位同学的精彩表演。现在有请同学们谈谈刚刚三个情景中，给你留下深刻印象的情景是哪一个。

（同学们讨论两分钟后交流。）

此环节设计目的：

这个环节可以使新生们在生动的情景剧中体会与感受尊重的文化。尊重的文化无处不在，它是我校文化的重要体现。

班会活动反思：

班会课是师生共同成长的重要抓手。因此，班会课"上什么"和"如何上"这两个问题就成了广大班主任需要积极思考与应对的问题。初出茅庐的我，总不喜欢上班会课。在我看来，班会课的实用性并不强。作为一名语文教师，我爱钻研语文课，因为它有知识性，同时也可以在其中渗透许多情感、态度与价值观方面的内容。但是在做了两年的班主任工作后，我越来越感觉到班会课的重要性。一方面，班会课的内容具有很强的针对性，它可以根据班级的实际情况灵活设置。另一方面，它的内容和设计灵感常常来源于生活，呈现的内容又高于生活。接着，我将从选题、实施等几个角度对本节班会课进行反思。

1.选题：来源于生活

在选题的时候，我选择了以新生和校园文化为班会课的对象和内容。新生教育内容包罗万象，在我看来，校园文化是一个很好的切入点。新生进入校园后，他们的所见所闻和所思所想都受到校园里的一花一草和老师们言行举止的影响。这都是校园文化的投射。因此，我选择将校园文化与新生教育相结合。

我校校园文化的核心内容是"尊重"，倡导"以尊重的教育培养受尊重的人"。我选择了校园中常见的场景去展示"尊重"这一概念在日常生活中的表达。这几个场景必须贴近学生的日常生活且必须真实，尽可能最大化地引起学生的共鸣和思考。而学生们的讨论也丰富了我校的"尊重"理念，让这一理念深深地植根于学生们的思想之中。

2.实施：生成自然，力求真实

在实施的过程中，本节班会课多以学生的讨论为抓手推进课程，力求体现学生们的真实情感。在本节班会课中，学生们对"尊重"这一理念的理解和在观看情景剧后的思考是难以预料的，他们的回答充满了不确定性。这十分考验班主任的临场反应和其对主持人的培训效果。

在实施这样的班会课时，必须提前做好各种预案，要做到成竹在胸。我们不能害怕这种不确定性，要想办法拥抱这种不确定性。因为它可以让班会课更加深入学生们的心里。

3.结果：拥抱遗憾的美好

在班会课后，不少同学对我校"尊重"这一校园文化有了深刻而独特的理解。尊重是相互的，也是多层次的。我们既要追求人与人之间的尊重，也要追求对规则的尊重。在我原先的设想中，我希望同学们可以对学习方法和学习规律进行反思和思考，可惜由于时间的限制，同学们尚未涉及相关内容。

二、团队精神

班会活动背景：同学们已经相处了将近一年时间，彼此已非常熟悉。但是班级的凝聚力仍有待加强，班级的纪律也出现了较为涣散的情况。

班会活动主题：团队精神

班会活动目的：

1.感知团队精神，增强班级凝聚力；

2.发现班级存在的问题，并给予解决措施。

班会活动准备：班主任准备班会课件。

班会活动形式：本次班会活动分成三部分。

第一部分：概念导入

第二部分：游戏环节

第三部分：10 班需要你的声音

班会活动过程：

第一部分：导入

通过展示相关图片，让同学们感知何谓团队。

引入女排精神：在困难的时候永不放弃，是团队精神，是大家相互理解，相互包容，相互鼓励。通过讨论女排夺冠不易的事例，激起学生对团队精神的渴望。

第二部分：游戏环节

1.游戏环节：你都记住了吗？

4 人为一组，限时记忆大量英语单词。

第一轮：在 30 秒内记住 35 个英语单词。学生进行简单的分工，每个人记忆的单词量都一样，但是每个人的记忆能力参差不齐。第一轮结束后，学生们会发现有的人记得快，有的人记得慢。

第二轮：在 20 秒内记住 35 个英语单词。有了上一轮的经验之后，学生们的分工会发生变化，重新拟定战略，再进行第二轮游戏。记得快的同学会主动承担更多的词语。这个游戏考验学生之间的分工合作以及担当精神。

2. 小组反思

游戏结束后，请冠军小组分享成功经验，也欢迎其他小组上台分享。

请全班同学思考：一个好的团队需要哪些精神和品质？

（学生思考、交流、回答。老师将这些品质写到黑板上。）

第三部分：10 班需要你的声音

1. 展示 PPT：木桶理论

一个木桶装水量的多少，取决于最短的那块木板。

如果我们的班集体是一个木桶，那么每位同学就是这个木桶的一块木板，缺了任何一块木板，这个木桶都装不了水，也就不是木桶了。

我们希望木桶能够装更多的水，有哪些好办法？

（学生讨论得出：不能有短木板，锯掉部分长木板来补短木板；将长短木板一起加长。）

同学间的互助互爱很重要，集体成功，大家光荣；大家进步，集体光荣。

2. 展示 PPT：集体理念

同学们拥有集体理念会使班集体更加团结。只有乐意为班级服务，才有可能为集体争光。那些为班级做点事就觉得自己吃亏的人，说到底没有什么错，只是自私了一点。

自私是可怕的，它足以令一个班集体像一盘散沙。希望我们10班的同学戒除自私的心理，去爱护班集体，服务班集体。

每个人都要为10班的进步贡献力量，做素质10班！

3.展示PPT：坚持的精神

坚持一天很容易，但如果坚持一年、两年、一辈子，就难了。

事实上，很多人实现不了自己的目标，就是因为少了一种坚持的精神。他们往往浅尝辄止，因此眼睁睁失去了可能到手的成功。很多事情的成功取决于踏平坎坷的坚持和毅力。即便是看准了的事情，如果没有百折不挠的坚持，也绝难取得成功。

4.展示PPT：结束语——聚是一团火，散是满天星

我们10班是一个团结向上、有凝聚力的集体，但是我们还需要努力，还有许多做得不够好的地方需要我们去完善。接下来进入"10班需要你的声音"环节，请每一个小组写一张建议书，通过小组讨论，把我们班存在的问题罗列出来，并给出相应的解决措施。

（学生思考、交流、回答。）

班会活动反思：

"10班需要你的声音"环节，学生问题提得多，但有些没有给出实际的解决办法，也没有去思考产生这些问题的原因。

我挑选了这些值得关注的、"破坏力"较大的问题，留待下一节班会课我们师生一起共同商议解决之策。

三、为梦想永不止步，做脚踏实地的圆梦人

班会活动背景：2020年8月10日是2021届的高三学生开学

的第一天，这一天距离高考还有301天。作为高三生活的起点，需要一个极具仪式感的班会活动，让这一天更有意义，同时，也让同学们能从这一天开始进入良好的复习备考状态。

班会活动主题：为梦想永不止步，做脚踏实地的圆梦人。

班会活动目的：本次班会课是高三复习备考的动员班会，其目的就是让同学们以这样一个仪式作为起点，时刻牢记"既要仰望星空，又要脚踏实地"，坚定自己的梦想，珍惜高三每一天，潜心学习，突破自我，实现飞跃。

班会活动准备：

1. 准备精美的星空便笺纸；

2. 著名大学的宣传片，如清华大学、北京大学、中山大学等；

3. 安排学生代表做好发言准备，分享自己的理想大学及自己的学习计划；

4. PPT课件（往届学生录取高校分布图、班训、班级口号）。

班会活动形式：本次班会分成两部分。

第一部分：畅想高三。围绕代表高三学习生活的主题进行分享交流。

第二部分：高三启动仪式。领取开往高考的"火车票"，写下自己的理想大学。全部同学宣誓。

班会活动过程：

第一部分：畅想高三

班主任：同学们，今天是我们高三生活的第一天，你们认为有哪些词可以代表高三的学习生活？你认为高三应该如何度过？你来说，我来写。

同学们你一言我一语，畅所欲言。"紧张""累""压力大""竞争""考试""排名""勤奋""扎实""基础""刷题""锻炼""休息"……一系列词出现在黑板上。

王同学：高三的考试很频繁，每次考试还要排名，压力山大！

李同学：高三每周要上 6 天课，作业试卷肯定堆成山，写都写不完。

张同学："不苦不累，高三无味；不拼不搏，高三白活"，高三就是要拼搏，就是一个字——学。

刘同学：高三生活肯定特别累，要学会时间管理，这样才能把每一分钟用好！

吴同学：高三学习虽然很累，但还是要保证一定的体育锻炼时间，因为身体是革命的本钱，没有好身体，肯定扛不住。

杨同学：保证睡眠很重要！

徐同学：心态更重要，要学会自我调适，不然，高三肯定不好过！

经过一番讨论，班主任初步勾勒出同学们对高三的整体认识，同时梳理归纳同学们的认识，肯定其中正确的认知，并加以强化；对其中一些不正确的想法进行提醒和纠正。

班主任详细解读"目标""计划""坚持""方法""心态""锻炼"等高三学习生活中的关键词，引导同学们以积极的心态迎战高考，以科学高效的方法过好高三每一天。

班主任：我相信，通过一年的踏实努力，当高考那一天到来时，每一位同学都能从容淡定地走进高考考场，而老师只需静待同学们传来一个又一个好消息。

此环节设计意图：

通过同学们的分享交流，可以了解同学们对高三学习生活的认知，初步掌握同学们进入高三的心理状态，对同学们备考的决心、信心等态度形成一定的判断。同时，对同学们迎战高考的学习能力有初步的了解。老师要适当进行强化，引导同学们迈好高三第一步。

第二部分：高三启动仪式

班主任展示往届毕业生录取高校分布图。

班主任：今天老师要送全班同学一份礼物！（班主任展示绘制的"火车票"）今天是高三生活的第一天，今天对我们三年的高中生活而言意义非凡，这是我们吹响集结号、迈出登顶珠峰的第一步的一天。来日高考传捷报时，我们会想起，我们在这一天迈出了坚定的第一步。

班主任：（发放星空便笺纸）请同学们写下自己理想的大学，并将它粘贴到我们的"火车票"上。同学们，我们的征途是星辰大海！我们都要做海阔天空的追梦者，也要做脚踏实地的圆梦人！请同学们跟着老师一起大声说出我们的班级口号并庄严宣誓！

同学们高声说出班级口号：

十二寒暑不彷徨，

我辈不负好韶光，

莫忘少年凌云志，

曾许天下第一强！

同学们庄严宣誓：

2021届12班的高三誓词

站在高三的门口，面对高三的岁月，

不懦弱，不退缩，不彷徨。

纵然路有荆棘，途有坎坷，我们也会勇往直前；

即便太行雪拥，蜀道峰连，我们也会直挂云帆。

辛酸痛苦，我们不怕，我们心中有梦；

单调乏味，我们无畏，我们志存高远。

我们将带着从容的微笑，

去赢得志在必得的辉煌。

举胸中豪情，倾热血满腔；

与雷霆碰杯，同日月争光。

我们，注定成功！

我们，必将辉煌！

此环节设计意图：

在高三启动仪式上写下理想大学、重温班级口号、进行集体宣誓等活动，给予学生很强的仪式感，可以引导学生从这一天开始牢记梦想，潜心学习，为梦想永不止步。

班会活动反思：

本次班会课是高三启动仪式，仪式感很强，整个班会活动严肃、活泼。学生以自己的认知畅想高三，有利于班主任掌握学情。学生贴在"火车票"上的理想大学像一颗星、一盏灯，指引学生的前进方向。宣读班级口号、宣誓等活动，需要充分的情感酝酿和铺垫才会有更好的激励作用。

四、我的青春我做主——挑大学、选专业

班会活动背景：近期网络上出现一款测试软件，它依据测试者对问题的回答，给予测试者关于未来专业的推荐。这款测试软

件引起了很多学生的转发和关注。随着新课程改革的推进，广东省已全面开始选科分班教学模式，学生选科的主要依据是自身的兴趣爱好、学科学习的能力以及未来的职业规划等。这要求学生必须对自己未来将要从事的专业有一定的认知，其认知程度越深，目标越明确，越有利于其学习。因此，职业规划、大学专业选择等问题，是学生非常关心的话题。

班会活动主题：我的青春我做主——挑大学、选专业。

班会活动目的：通过本次班会活动，让学生掌握科学选择大学专业的方法，为其树立专业意识、科学选择专业提供帮助。同时，也促进学生的自我认知，帮助其更早地进行职业规划，促进其明确学习目标，并为之不懈努力。

班会活动准备：

1.收集北京、上海、西安、武汉、广州等城市大学分布图；

2.查找部分"双一流""985""211"大学在广东省的录取分数线；

3.准备一所大学（如中山大学）的宣传片、专业设置、培养方案等信息资料；

4.准备职业规划的部分理论知识。

班会活动形式：班主任讲解大学专业选择的一般方法和路径。

班会活动过程：

班主任：同学们，你适合学习什么专业？你会选择哪所大学、哪个专业呢？你是怎样挑大学、选专业的呢？

（同学们各抒己见。）

班主任：综合同学们的答案会发现，大家选择大学专业，主要是看大学录取分数线、大学所在地的自然条件、城市公共服务水平、城市消费水平和文化底蕴，以及所学专业的工作机会等。

班主任展示北京、上海、西安、武汉、广州等城市大学分布图，重点选取每个城市的几所具有代表性的大学进行介绍，并简单讲述当地的风土人情等。

班主任提出选大学、选专业的第一步：了解大学的录取分数线。班主任重点展示近几年部分"双一流""985""211"大学在广东省的录取分数线，并简单介绍"强基计划"高校的综合评价模式。班主任提醒同学们：挑选大学需要看自己高考后的分数是否符合大学的录取分数线、该大学招生的专业自己是否中意、该校往年招收的人数、该校所在地区的发展水平等。

接下来，班主任提出选大学、选专业的第二步：了解大学的专业设置、该专业的培养方案等。班主任以中山大学为例，向同学们介绍如何了解大学的专业。首先需要在官网查看院系和专业设置，在对应的学院（部）网站的本科教学栏目下找专业建设的相关栏目，可以下载各专业详细的培养方案，包括课程设置、学时学分、各学期安排等。通过阅读专业培养方案，与自己的理想对比，看是否一致，再综合考虑决定。

最后，班主任提出，大学专业会影响毕业时的择业，在择业、就业、考研等方向上如何选择，往往是结合自身特点、职业倾向、时代特色等综合因素决定的。进行职业选择时要认清自己，有明确的职业发展定位。

班会活动反思：

本次班会课是职业生涯规划系列班会课之一，内容比较浅显，但对学生明确未来的职业方向、全面了解大学专业并进行科学选择有一定的指导意义。

介绍大学等环节，可由学生在网络上搜索自己向往的大学，增加学生的参与度。

职业生涯规划是一个专业课题，班主任的相关知识有限，可充分借助学校专职教师及校外家长资源，助力学生成长。

五、向下扎根，向阳生长

班会活动背景：

新型冠状病毒引起的肺炎疫情肆虐全球。在这样的特殊时期，新学期伊始，我们的教学方式也应势发生了改变。自 3 月 10 日以来，高中生们已开展网课学习一月有余。新的学习方式要求同学们必须做出相应的改变，唯有心态积极健康、严格自律，才能让自己在这段特殊的学习时期从容应对，在这段关键时期获得成长，实现超越。

经历了一段时间的居家网课学习，同学们已逐渐从开始的新奇转变为平淡，甚至部分同学出现疲态，或者内心充满了不安分、紧张和焦虑。虽然老师们熟练掌握了线上教学的技巧，充分发挥了线上教学的优势，采用项目式教学方式促进同学们自学和交流研讨，但是少了当面讲解，很多同学觉得不方便。课堂上虽然可以发言，但有些同学羞于表达，往往隐匿在屏幕背后。还有些学生不够自律，一边听课，一边玩着各种聊天软件和游戏等。对于开学后就进入准高三、面临重新分班考验的同学们而言，这段特殊时期的网课学习，无疑会成为同学们决胜高考的一场重要战役，老师要对同学们进行及时的提醒和纠正。

班会活动主题：向下扎根，向阳生长。

班会活动目的：本次班会课的主要目的是针对一个月来同学们网课学习中存在的各种困惑，以及焦虑心理、自律性差等低效率学习行为进行针对性解析，并提出一些实用性强、科学合理的做法，帮助同学们顺利渡过难关，并为未来更长期的学习奠定良好的基础。

班会活动准备：

1. 收集同学们网课学习的照片；

2. 每位同学提交一份线上教学期间的感受或心得体会，重点描述自己的困惑；

3. 安排优秀学生代表做好发言准备，分享每日学习、生活规划和实行情况；

4. 准备视频素材：朗诵作品《你的样子》及部分青年学子潜心学习的图片（如现代版的"凿壁偷光"、方舱医院里的高三学生）；

5. 准备心理疏导、制订规划的有效方法；

6. 全国"双一流""985""211"大学分布图。

班会活动形式：本次班会活动分成三部分。

第一部分：播放青年学子潜心学习的图片和本班级同学线上学习的照片，让同学们交流感受。

第二部分：让同学们提出网课学习的困惑，共享让居家学习更充实、更高效的方法。

第三部分：班主任介绍如何制订、执行计划的科学方法，动员同学们积极行动起来。

班会活动过程：

第一部分：你的样子——你的样子就是中国的样子

播放央视元宵晚会诗朗诵《你的样子》视频和青年学子潜心学习的图片，展示本班级同学线上学习的照片，同学们交流观看视频、照片后的感受。

此环节设计意图：

通过视频展现这场全民战役中那些平凡人的不平凡奉献，让学生带着这份感动，思考并明确青年学子的责任，明确自身与优秀者之间的差距。结合本班级同学线上学习的情况，促进同学们进行自我反思，强化自身的责任意识。

第二部分：你的答案——居家线上学习经验交流

同学们交流分享一个月居家线上学习的心得体会，重点提出自己的困惑和问题，可选择学生代表回答这些问题，其他同学也可以补充提出自己的解决办法，交流更有效的办法。同学们要发挥集体智慧，共享让居家学习更充实、更高效的方法。

此环节设计意图：

同学们畅所欲言，交流分享自己居家学习的有效、高效方法，可以团结一心，逆风同行。这样的交流不仅增强了班集体的凝聚力，让同学们感受到集体的温暖，让同学们的居家学习更安心、更积极，也可以让同学们获得更多、更有效的学习方法，在集体的帮助下，得到不竭的成长助力。

第三部分：你的坚持——向下扎根，向阳生长

班主任展示全国"双一流""985""211"大学分布图，同学们回忆自己最早制定的高中阶段的学习目标。而实现高中阶段"考上理想大学"这样的目标，必须脚踏实地、立足现实、向下扎根，必须能够为一个清晰的目标制订合理的计划，并一以贯之地执行到底。大多数同学面临的问题恰恰是"三分钟热度"，不能将自己的计划执行下去。班主任介绍制订并执行计划的科学方法，并要求同学们从即日起开始试行。

此环节设计意图：

班主任向同学们介绍制订计划的科学合理的方法，希望能帮助同学们科学设定目标，拟定学习计划，实现高效学习。希望同学们利用居家时间有效提高自己的自律性，形成良好学习习惯，为高三备考奠定坚实基础。

班会活动反思：

本次班会课是在受疫情影响的特殊时期就线上学习进行的针对性较强的班会课，目的是针对同学们提出的困惑答疑解惑，提出有效的解决措施。这次班会课对同学们的学习和心理调适的帮助较大。同学们在相互交流中，能彼此获得温暖和动力。在班集体每一位同学的共同努力下，同学们会在这段特殊时期获得成长，甚至突破。当然，一次班会对同学们的推动和促进作用是有限的，成长本身需要更多的自身内驱力，老师能做的只是引领。我相信，同学们还会继续有所领悟、有所行动。

六、让"宅"家更有意义

班会活动背景：2020 年 1 月以来，新型冠状病毒疫情在全世界蔓延。为抗击疫情，全国人民上下一心、众志成城，付出了巨大的努力。在教育领域，全国各学校推迟返校，教师和学生居家线上教学。特殊的学习模式给每位同学带来前所未有的体验与挑战，以多样的形式记录这段难忘的经历，将是一份颇有价值的备忘录。

班会活动主题：让"宅"家更有意义。

班会活动目的：

1.本次班会通过视频、文字等方式讲述抗疫英雄人物的故事，使学生认识到爱国从小事做起，英雄无处不在；

2.学习疫情条件下好学的学生，表扬班里自律、优秀的孩子，以榜样去激励全体学生；

3. 让学生意识到学习可以改变一个人的命运，只有掌握更多知识，才能在未来为社会、为国家做出更大的贡献；

4.让学生每一天都以积极饱满的态度去进行网课学习。

班会活动准备：

1.搜集抗疫人物和班级榜样的视频、照片和文字资料；

2.制作 PPT 课件；

3.提前开一节动员大会。

班会活动过程：

第一部分：点赞逆行者

认识抗疫英雄人物：安排学生提前将图片或视频材料准备好，在班会课上讲述抗疫英雄的事迹。

此环节设计意图：

让同学们看到我们国家和人民在疫情面前的团结与坚韧。用这种精神去鞭策学生们全身心投入学习，成就人生理想，为祖国的强盛而努力奋斗。

第二部分：榜样的力量

提前准备疫情期间的榜样素材，包括学校老师和班级优秀学生的视频和图片，并配上文字。

此环节设计意图：

1.让同学们看看其他同学如何学习。引导学生明白"今天偷的每一个懒，都会在日后成为遗憾"。让同学们停止所有的抱怨。唯有专注，才会成才！

2.让同学们看看身边的榜样。PPT 展示全班自律、优秀的学生的学习视频、作业和笔记。引导学生明白当优秀成为一种习惯，一定会逢山开路、遇水架桥，所向披靡。

3.分享新冠疫情背景下的感人事迹，展示延迟开学情况下，老师们积极备课，同学们认真上课的情景，以此激励同学们"只争朝夕，不负韶华"。

第三部分："云端"有感

自由发言：学生们发表自己的感想。

此环节设计意图：

让学生意识到，他们虽然不能像医务人员那样在一线战斗，不能像警察、志愿者们那样在大街小巷排查隐患，保卫我们的安全和健康，不能像那些企业家、爱心人士一样捐出许多物资和善款，但只要掌握更多知识，就能在未来为社会、为国家做出贡献。

第四部分：全体承诺

班长领读班级网课承诺书。网上班会结束后，全班同学将签好名的承诺书拍照上传至班级微信群。

全体学生宣读承诺书：

我承诺，在学校开展"空中课堂"在线学习期间，主动学习，自觉、自律，努力做好以下三点：

1. 认真参加网课学习。按照学校规定的时间按时在线学习，按时考勤，不迟到、不早退；课前认真预习；课上认真听讲。

2. 认真完成提交作业。对于老师布置的作业要按时完成，及时提交；按照老师的要求及时订正错误，巩固知识，查漏补缺。

3. 认真坚持锻炼。学会劳逸结合，对自己的健康负责，始终意识到身体是学习的本钱。

承诺人：＿＿＿＿＿

2020 年 3 月 12 日

班会活动反思：

希望通过本节班会课，同学们可以认识到在本次抗疫斗争中社会各界人士的努力奋斗，也认清自己的责任，不畏将来的挑战，做一个有责任感的人。人生之路漫长而又艰险，往后还有更多的困难等着我们去迎战，越过荆棘才能成长，才能成就不平凡的人生！

七、大力弘扬科学家精神

班会活动背景："大力弘扬科学家精神"是习近平总书记在科学家座谈会上提出的。科学家精神包括爱国精神、创新精神、求实精神、奉献精神、协同精神和育人精神。弘扬科学家精神有助于引导学生立志成才、报效祖国。

班会活动主题：大力弘扬科学家精神。

班会活动目的：

1. 让学生了解"两弹一星"元勋——邓稼先的故事，学习科学家精神，厚植家国情怀；

2. 引导学生树立远大理想，担当时代责任，为实现中华民族伟大复兴的中国梦而奋斗。

班会活动准备：班主任准备班会课件、视频；学生准备将要分享的我国科学家的故事。

班会活动形式：

本次班会活动分成两部分。

第一部分：学生分享我国科学家的故事及他们取得的科学成就。

第二部分：班主任讲述"两弹一星"元勋——邓稼先的故事，阐述科学家精神。

班会活动过程：

第一部分：学生分享科学家的故事

班主任在 PPT 上展示华为技术有限公司主要创始人、总裁——任正非的照片，简要介绍华为公司取得的成就和面临的困难。启发学生认识到华为不会服输！

学生分享我国科学家取得的巨大成绩及其背后鲜为人知的感人故事，如袁隆平、屠呦呦、李四光、于敏、黄旭华等科学家的故事。

此环节设计意图：

1. 通过讲述美国制裁华为的例子，引导学生关注时事，认识到我国在科技强国这条路上走得不易，但是一定能行稳致远；增强民族自信心、自豪感，培养学生的家国情怀。

2. 让学生课前查阅相关资料，使学生更多地了解我国科学家取得的伟大成就及感人故事，培养学生自主查阅文献、获取信息的能力。

3. 通过让学生课上分享科学家的故事，领会科学家的精神，训练学生的逻辑思维能力和语言表达能力，使学生学会把故事讲清楚、讲生动。

第二部分：班主任讲解科学家精神

1. 展示 PPT：介绍"两弹一星"伟大成就。

20 世纪下半叶，我国研制"两弹一星"的条件十分艰苦，但不少科学家投身于此，呕心沥血。从第一颗原子弹成功爆炸到第一颗氢弹成功爆炸，法国用了 8 年，美国用了 7 年，苏联用了 4 年，而中国只用了 2 年零 8 个月！

（学生通过研讨上述事实，增强民族自信心、自豪感。）

2. 展示 PPT："两弹一星"元勋——邓稼先的照片。

"两弹一星"元勋是指为中国"两弹一星"事业做出突出贡献的23位科学家，邓稼先是其中的一位。邓稼先出身于书香门第，父亲是著名的美学家。邓稼先曾赴美留学，仅用一年多的时间，就获得了博士学位，而当时的他只有26岁，所以大家都称呼他是"娃娃博士"。原本他的人生道路可以无比轻松和平坦，但他肩负起为祖国研制原子弹的使命。班主任引导学生思考：如果是你，你会选择什么样的人生道路？

（学生思考、交流、回答。）

3.展示PPT：播放《国家记忆》中"两弹一星"元勋邓稼先的视频。

邓稼先的妻子许鹿希回忆，当她问邓稼先的工作调到哪儿了，邓稼先说"不能说"；问他去干什么，邓稼先说"不能说"；让他到了那地方把信箱的号码给她，以便写信，邓稼先说："不能写信，不能通信，这个家以后都靠你了，我的生命就献给将来要做的这个工作了。"邓稼先这句话说得非常坚决。他还说："如果做好了这件事，我这一辈子就活得很值得，就是为它死了也值得。"

当时，邓稼先是中国原子弹理论设计负责人，除了组织以外，没有人知道邓稼先究竟在哪里工作。就这样，邓稼先进入与世隔绝的戈壁滩，与妻儿分离，为祖国隐姓埋名了28年。

（学生观看视频，感受科学家的爱国精神、奉献精神。）

4.展示PPT：艰苦卓绝的科研条件。

邓稼先团队的研究相当于从零开始，为什么这样说呢？因为邓稼先等科学家当时能获得的研究设施，只有手摇计算机、计算尺和算盘等。就是利用这些简陋的计算工具，邓稼先的研究队伍计算出了内爆型原子弹的物理流程，9次演算用掉的演算纸，可以从地面堆到房顶。华罗庚把他们计算的问题称作"集世界数学难题之大成"。班主任引导学生思考：我们多久能用掉这么多的草稿纸呢？

（学生感受科学家的求实精神、拼搏精神、创新精神，珍惜如今科技发达的新时代，崇尚科学，树立远大理想。）

5. 展示 PPT："两弹"成功爆炸的图片。

1964 年 10 月 16 日，东方巨响惊天动地，巨大的火球转变为蘑菇云冲天而起，中国第一颗原子弹爆炸成功了。邓稼先不辱使命！然而，他来不及庆功和休整，又全身心投入到氢弹的研究中去了。

1967 年 6 月 17 日，我国成功地爆炸了第一颗氢弹，再一次震惊了世界。

（学生感受祖国的日益强大，增强民族自信心。）

班主任：同学们知道研制核武器时存在的最可怕的风险是什么吗？

学生：是放射性物质对人体的伤害。

"两弹一星"的研究不可能是一帆风顺的，在一次核试验中，试验失败了，为了第一时间查明原因，邓稼先连防护服都顾不上穿好，就直接冲进场地，奔赴爆心观察。他顾不上个人安危，自己走到弹坑前仔细查看了弹体，也因此受到了极为严重的核辐射，后来患癌症去世。作为科学家，他难道不知道核辐射的危害吗？

（学生深入了解科学家成功背后的故事，感受科学家无畏牺牲、勇于献身的精神。）

邓稼先为什么要这样做呢？因为他的心中只有祖国，他想尽快打破美苏核垄断、核讹诈的局面。班主任引导学生思考：如果是你，你会做出同样的选择吗？

（学生思考，深受启发，增强家国情怀。）

"两弹"的成功，显示了中华民族的创造能力，奠定了我国在国际事务中的重要地位，极大地鼓舞了中国人民的志气，增强了中华民族的凝聚力。

6. 展示 PPT：播放《致敬国之脊梁》的视频。

科学成就离不开科学精神。像邓稼先一样富有爱国精神、科学精神的科学家还有很多，科学精神的内涵还有哪些呢？请学生从视频中寻找答案。

（学生带着问题观看视频。）

外国人能搞的，难道中国人不能搞？（"中国航天之父""两弹一星"元勋钱学森）

是可忍孰不可忍，我过去学的都可以抛，我一定要全力以赴（研究氢弹）。（"中国氢弹之父"、核物理学家于敏）

我最大的愿望是饭碗要牢牢地掌握在我们中国人自己手上。（"中国杂交水稻之父"袁隆平）

……

正是因为有了科学家们"板凳甘坐十年冷"的付出和勇攀科技高峰的勇气、决心，才有了今日昂首世界的中国。

（学生观看视频，进一步了解科学家精神的内涵，敬佩感油然而生。）

7. 展示 PPT：结束语

衷心希望同学们不忘初心，牢记使命，抓住伟大的新时代赋予的机遇，努力提升自身素质，争取为科学事业的发展做出贡献，为实现中华民族伟大复兴的中国梦而努力奋斗！

（学生在班会课后进一步思考，如何树立远大理想，担当时代责任。）

班会活动反思：

学生分享的故事生动、感人，班会全程学生非常专注，课堂参与度高，班会目标达成。

需要控制学生分享科学家故事的时间，以防班会时间过长。

八、爱在沟通，换位思考

班会活动背景：对于中学生而言，高一是他们学习生涯中至关重要的一个转折点。随着中学生个人意识的增强，不少家长和孩子们都反映彼此沟通存在一定的障碍。为帮助家长和孩子形成一个有效的沟通模式，特召开此次名为"爱在沟通，换位思考"的主题班会。

班会活动主题：爱在沟通，换位思考。

班会活动目的：

1. 了解班级内部家长与孩子沟通的现状；

2. 为孩子和家长的有效沟通提供平台。

班会活动准备：

1. 与父母沟通问题的问卷调查（问卷附于最后，见附件一）；

2. 班会课件；

3. "家长与孩子互换"情景剧的微视频录制（剧本附于最后，见附件二）；

4. 收集家长给孩子的手写信件；

5. 准备深圳实验学校信笺和信封。

班会活动形式：本次班会活动分成两部分。

第一部分：展示 PPT、微视频，同学们讨论与分享。

第二部分：同学们在信纸上写下给父母的话。

班会活动过程：

第一部分：展示PPT、微视频，同学们讨论与分享

1. 问卷导入

通过几张孩子们不同阶段的照片，进行情境导入。随后班主任将对提前一周下发并完成的"与父母沟通问题的问卷调查"进行数据分析和展示。根据孩子们烦恼时和父母沟通的频率，尝试寻找沟通中存在的问题。

此环节设计意图：

（1）借助学生的反馈查找问题；

（2）直观快速地反映孩子与家长沟通存在的问题。

2. 情景剧展示

学生观看视频，并记录其中体现出来的具体沟通问题。

3. 小组讨论

换位思考，让孩子们站在父母的角度思考问题：你希望你的孩子成为怎样的人？你希望你的孩子如何和你相处？

（学生思考、交流、回答。）

4. 展示PPT：爸爸妈妈的寄语

泰戈尔曾说，爱是理解的别名。父母子女之间的所有矛盾，说到底都是因为对爱的理解出现了分歧。让孩子们明白，父母也许不善言辞，但是他们给予孩子的爱和他们的付出从不讲条件，更不求回报。每当我们埋怨他们的时候，不要忘记他们也有自己的生活，在做父母之前，他们也曾是子女。

5. 班主任的结束语

（朗诵诗歌《你还在我身旁》，总结并升华主题。）

世间大多的爱都指向相聚，唯有父母的爱指向别离。作为父母，请给孩子一个自由、自主的空间。青春期正是一个人世界观、人生观、价值观的形成时期，孩子们正处于成长的十字路口，需要我们指引，而不是替他们做主。家长应当允许他们在自己的空间里思考，接受考验，迎接挑战，体验成长。关键的时候引导他们，帮助他们，而不是一味地强制。

作为孩子，要正确对待父母的"干涉"。面对冲突，最好的方法是敞开心扉。要经常将你的情况主动告诉父母，和父母交流自己的看法、做法，让他们了解你、关心你，尊重你的意愿。

父母与子女要学会交流，而不是逃避；学会换位思考，而不是一味指责抱怨。家长要仔细聆听，产生共鸣，引导思考，不断鼓励，相信每一位家长和孩子都能逐渐把握科学有效沟通的诀窍。

第二部分：同学们在信纸上写下给父母的话

班会活动反思：

这是一个课时的班会课，课堂邀请了家长代表来参加，若时间充裕，应该让家长现场分享他们的感受。

最后同学们写给父母的话，班会课上不太可能完成，可以第二天再收回。要求同学们周五放学回家后将信双手递给爸爸妈妈。

附件一：与父母沟通问题的问卷调查及统计数据

1.你有烦恼时会与父母沟通吗？（　　）

A.经常　B.有时会　C.偶尔会　D.从不

2.与父母沟通时的主要话题是（　　）。（选2个）

A.学习情况　B.朋友交往　C.休闲娱乐　D.家庭琐事

E.为人处世　F.生活开销　G.身体状况　H.其他_____

3. 与父母沟通时，你最无法接受父母的哪些做法？（　　）（选

3个）

A. 父母经常拿我和其他孩子比

B. 吃饭或写作业时唠叨不休

C. 不让用手机，担心影响学习

D. 总认为我不努力，得不到肯定

E. 遇到问题，言语伤人，不尊重我

F. 窥探个人隐私，乱动我的物品

G. 父母不听我说，只顾自己说

H. 其他_____

共下发问卷48份，收回有效答卷47份，得出以下统计数据。

烦恼时与父母沟通的频率

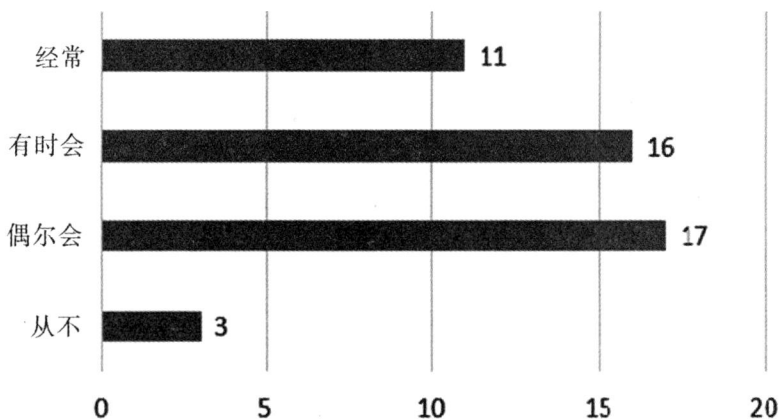

与父母沟通的常见话题

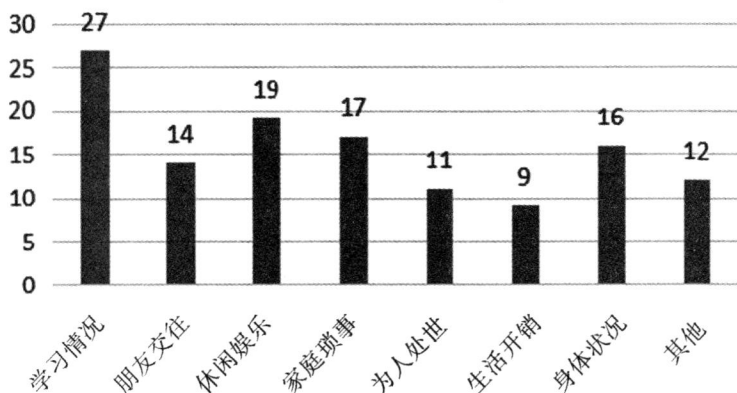

最无法接受父母的做法

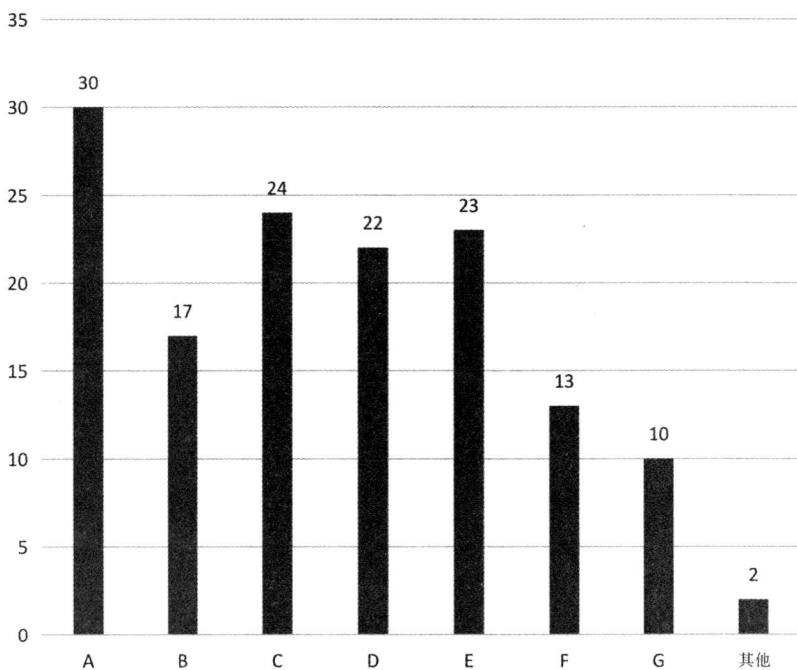

附件二："家长与孩子互换"情景剧剧本

爸爸：我回来了（开电视）。

儿子：（坐到爸爸旁边）唉，爸，我跟你说了多少次了，隔壁王大爷已经戴上老花镜了。难道你老了也想像他那样吗？

爸爸：我就看一会儿。

儿子：爸，我今天打电话给你们老板了解过了，你这个月的业绩又下滑了，（指手画脚）再这样下去你就有可能失业了，所以你还是把精力放在工作上好了。比如，现在去书房看会儿文件，总结一下今天的工作。明天的工作也该准备准备了。

爸爸：可是我今天工作了八个小时，连休息的时间都没有，难道回到家里还不能放松放松吗？

儿子：放松？（拍桌而起）这可是你人生最关键的时刻。你上有老下有小，作为我们家的顶梁柱，就只想着放松。隔壁小超的爸爸，上个月又在二环买了套房子，全款！

爸爸：啊？（震惊）

儿子：你再这样就会被他们比下去了，我在同学面前怎么抬得起头啊！

爸爸：是啊，儿子，你说得对啊！我现在就去工作。

妈妈：我回来了。泡泡，妈妈给你买了你最爱吃的咸鱼罐头。

儿子：妈，又买新衣服了吧？

妈妈：这个不贵，五百多。

儿子：脸色挺好的，美容院也去了吧？妈，爸那么辛苦地天天赚钱，你就不知道帮他省一点吗？他要养活我们一大家子人呢。三四十岁的人了，还学别人攀比，每天花钱大手大脚的。妈，你以前多朴素啊，肯定都是被你那群闺蜜带坏的。每天约你逛街逛街，我看你以后少跟她们来往算了。

爸爸：我同意。

妈妈：我就是要天天逛街，你有本事告诉你外公外婆。他们肯定站我这边。

儿子：还提外公外婆。你现在这个样子就是被他们宠坏的。我早就说过了，女孩子不能宠着，现在好了吧，都成什么样子了！

妈妈：（哭泣，靠向爸爸，并打电话给外公外婆）爸妈，你们快来管管吧，你这外孙子又开始教训我了，你们要替我做主。

外婆：你就别哭啦。泡泡，你平时不要对妈妈要求太严格了，我们这做父母的，看着也心疼。

儿子：外公外婆，你们以为我想这样吗？我也是我妈妈身上掉下来的肉啊，血浓于水，天下孩子哪有不爱自己父母的？我也是为了他们好啊！你们看看这些作业，我不知道每天晚上什么时候才能做完。白天上学七八个小时就不说了，回到家连一点玩乐的时间都没有，我那么勤勤恳恳地读书，都是为了谁啊？还不是为了将来出人头地，能养活你们嘛！你们为什么不能（拍桌）体谅体谅我呢？

外公：你的辛苦，我们都知道，可管教你父母，你总得有个度啊！

儿子：首先呢，我作为孩子，我要反思一下，平常确实对你们有些严格了，但是我都是为了你们好啊！今天既然大家都在，那我们就开个视频会讨论一下，讨论清楚，这父母到底该怎么管？

（爸爸、妈妈、外公、外婆都露出尴尬的表情。）

九、责任心，你有吗?

班会活动背景：深圳的学生由于家庭经济条件较好，且大多是独生子女，父母的溺爱导致了一部分学生比较任性，以自我为中心，不考虑他人的感受，做事缺乏责任心，对他人、集体漠不关心。

班会活动主题：责任心，你有吗？

班会活动目的：

1.让学生感受责任心的重要性，增强学生的责任意识；

2.让学生成为一个有责任心的人。

班会活动准备：班主任准备班会课件及责任心问卷。

班会活动形式：本次班会活动分四部分。

第一部分：提供两则对比材料，让学生讨论两个问题：

（1）什么是责任？

（2）作为中学生，我们有哪些方面的责任？

第二部分：列举班级中有关责任心的正反两方面的具体事例。

第三部分：责任心问卷检测。选取可信度较高的测验，让学生对自己的责任心进行检测。

第四部分：宣誓，读责任宣言。

班会活动过程：

第一部分：小组讨论

开场：展示两则对比材料

材料一：

一辆在繁华闹市中失控的公交车，撞了路边行人后又和几辆车相撞，最后撞在路旁的树上停了下来，车辆报废。公交车司机为何横冲直撞？原因是司机正与一名乘客在车上扭打。这位肇事司机对媒体说："我忘了我正在开车。"

材料二：

2012年5月29日中午11时10分，吴斌驾驶杭州长运浙A19115大型客车从江苏无锡返回浙江杭州。11时40分左右，行驶至锡宜高速公路宜兴方向阳山路段（江苏境内）时，突然有一块铁块从空中飞落，击碎车辆前挡风玻璃，又砸向吴斌的腹部和手臂，导致其肝脏破裂及肋骨多处骨折，肺、肠挫伤。但他用惊人的毅力强忍剧痛，镇定地完成换挡、刹车等一系列安全操作，将车缓缓靠边停好，开启危险报警闪光灯，打开车门。这一系列安全操作，保证了全车24名旅客的安全。

看完材料后，组织学生讨论两个问题：

1. 什么是责任？

（1）分内应做的事；

（2）因没有做好分内应做的事而承担的过错。

2. 作为中学生，我们有哪些方面的责任？

（1）对自己的责任；

（2）对家庭的责任；

（3）对班级的责任；

（4）对社会的责任。

3. 学生围绕"对自己承担的责任"和"对班级承担的责任"进行分小组讨论，最后选取若干小组汇报结果。

（1）对自己负责

每个人都是自己命运的主宰者，今天的一切都是在为明天做准备、打基础，所以要对今天的自己负责。

（2）对班级负责

卫生：座位周围脏乱差，垃圾没有倒，黑板没有擦，地上很脏，是谁的责任？

纪律：自习课有同学在讲话、看小说、睡觉，是谁的责任？因为自己违纪，让班级常被扣分，是谁的责任？

第二部分：列举班级中有关责任心的正反两方面的具体事例

（1）展示 PPT：熟悉的生活情景

情景一：对学习、对自己负责

上课了，同学们在认真听讲，但在教室某一个角落出现了这样的情形：黄同学边看手机边听歌，抖着腿，摇头晃脑的。

班主任问：他的问题出在哪里？

情景二：对工作、对班集体负责

自习课上，班干部小陈刚做完数学作业，他伸伸脖子，说："真爽，今天的题目做得真顺利。"此时，小刘捧着数学题向其请教："小陈，这道题目我不会做，你帮我讲解一下，好吗？"小陈看了看题目，吞吞吐吐地说："嗯……这个嘛……哎呀，真不好意思，我不会做呀。"

下课前，班长通知："今天下午有卫生检查，课后班委留下来与值日生一起打扫卫生。"下课铃一响，小陈就拿起篮球大喊："走喽，打球去了！"

班主任问：他的问题出在哪里？

情景三：对家庭、对自己的生活负责

住校一周，好不容易到了周五。小刘背着一大袋脏衣服踏入家门，说："妈，我回来了，帮我洗洗这袋衣服。"说完，随手把袋子扔在地上。可是，家里没人。于是，小刘嘟囔道："明知我回家，也不做好饭在家等我。饿死啦！"

班主任问：他的问题出在哪里？

（2）列举班级中责任心强的同学以及具体事例。

生活的美需要我们去寻找、发现。在你的学习生活中，你发现了哪些责任心强的同学？请列举具体事例。

第三部分：责任心问卷检测

选取可信度较高的测验，让学生对自己的责任心进行检测。

（学生做问卷，并根据自己的得分进行自我评估。）

第四部分：宣誓

由班长带领全班同学宣誓。誓词如下：

我是实验学子，拥有火热青春；

我是祖国未来，迸发满腔激情。

今天，我以青春的名义宣誓：

明确自己的责任，走好人生之路。

为自己的前途负责，为家庭的命运负责；

为国家的富强负责，为民族的未来负责。

做一个勇于担当的强者，

用行动兑现青春的诺言。

班会活动总结：

一个缺乏责任感的人、一个不负责任的人，首先失去的是社会对他的基本认可，其次失去的是别人对他的信任和尊重，甚至会失去信誉和尊严。

人可以不伟大，也可以不富有，但不可以没有责任。责任让人坚强，让人勇敢，让人知道自己为什么生存在这个地球上，为什么会来到人世间，为什么人能成为人。

希望同学们用行动兑现青春的诺言！

班会活动反思：

问卷检测环节实际操作需要 8 分钟左右的时间，此时可以播放轻松的音乐，班会气氛会更好些。

十、2020，做更好的自己

班会活动背景：这是 2019 年的最后一个班会，可以回望过去的一年，展望 2020 年，展望我们的高三学年。

班会活动主题：2020，做更好的自己。

班会活动目的：

1. 引领学生回顾过去、展望未来；

2. 坚定信念，坚持目标，坚毅努力。

班会活动准备：

1. 班会课件；

2. 班会课前学生完成调查问卷：

① 2019 年，你记忆中最深刻的三件事是什么？为什么是这三件事？

② 2020 年你的个人目标和愿景是什么？

3. 班委准备 2019 年"年度大事"的 PPT。

班会活动形式：

1. 学生问卷调查；

2. 学生个人总结；

3. 学生小组讨论；

4. 教师引导；

5. PPT 展示。

班会活动过程：

1. 学生分享问卷 A：2019 年，你记忆中最深刻的三件事是什么？为什么是这三件事？

2. 班委分享 2019 年学校、年级的年度大事。

①井冈山社会实践周；

②高中部校运会；

③广东省学业水平考试。

3. 班主任总结 2019 年的班级工作，表扬优秀典型。

2019 年，我们的成绩与荣誉：我们成为全校最优秀的群体。主要体现在三个方面：学生人品好，成绩好，日常表现好。

4. 班主任提出 2020 年的班级目标。

我们即将迎来 2020 年，我们正面临高中转折点——高二后半程。高三马上开始了，最重要的是，我们又要长一岁。

2020 年，我们有怎样的愿景？

① "不要那么累，不要那么多作业，不要那么多排名……"

可惜不太可能，所以，只能改变能改变的，接受不可改变的！

②每一个人都能在身心健康的前提下获得个人的最大发展。

③我们的班级目标：常规流动红旗久久飘扬；学业成绩再创辉煌；为人处世善而有智。

5. 学生分享问卷 B：2020 年你的个人目标和愿景是什么？

6. 师生宣誓。

宣誓仪式要求：

①全体起立，双脚并拢，右手握拳举起；

②严肃认真，声音洪亮，目光聚焦屏幕。

誓词如下：

我宣誓：从今天起，规律作息，快乐生活；勤学善问，互助合作；坚定目标，坚持奋斗！

宣誓人：×××

2019 年 12 月 30 日

7.师生讨论。

话题一：如何保持身心健康？

①身体健康：适度运动，健康饮食，规律作息，充足睡眠；

②心灵健康：乐观开放，保持好奇心，勤奋学习，日益精进。

话题二：如何推进个人发展？

①目标感比兴趣更重要；

②坚持力比智商更重要；

③行动力比热情更重要；

④学习生活环境也很重要。

话题三：当健康和课业冲突时，如何取舍？

①真诚沟通，解决问题；

②权衡得失，效率优先；

③唯有强健的体魄方能应对繁重的学业。

8.班主任总结。

让每个人都成为班集体荣誉的源泉，让班集体成为个人发展的巨大助推力，让个人与集体相互成全！

班会活动反思：

这节班会课比较成功，主要得益于班级师生的互动。我们选择了一个比较好的时间节点，即年底的班会课。新年前夕，很多同学对时间流逝而碌碌无为感触很深，班主任抓住这一时机和学生心理，及时鼓励学生"做更好的自己"。恰恰就在这个时间节点，师生能够达成一致性目标，这为本节班会课的成功奠定了思想基础。

当然，任何班会课都不能只有批评，更重要的是表扬和激励。班主任对学生的具体表扬，会激发学生的决心和行动力。在学生分享和讨论时，班主任应注意把控时间。

此外，本节班会课的一个关键点是集体宣誓。宣誓务必正式、严肃，喊出气势。在第一次宣誓时有些学生声音不够洪亮，我们就重新进行一次，同学们的斗志会被充分调动起来。这也充分彰显了我们班的班训——任何事，要做就做到更好！

十一、抵抗疫情，我们在表达——新冠疫情期间主题班会活动设计

班会活动背景：

这个春节不平常，新冠疫情在全球肆虐，每一个人的日常生活都被卷入其中。人们的最低限度是保护自己，更有逆行者以实际行动助力抗疫。连月以来，我们戴起口罩，紧锁眉头，因那些感人故事而流下眼泪，心情随难于捉摸的疫情变化、悸动。

我们每个人都身处其中，所见所闻让我们有许多不同的感想。各种正面消息和负面消息不断涌现，我们除了要注重自我保护、自我防疫之外，还应该注重上好抗疫这堂重要的课程。全民抗议的每一天，都是一堂生动的公民教育课，我们的班会课在此时召开，显得尤为重要。也许高中生目前还只是被保护的对象，还做不了什么，但将来，他们每个人都会成长为各行各业的建设者或领导者。他们的思考与行动，理想与实践，坚守与改变，现在就应当有所体现。

深圳实验学校高中部高二（2）班的一群青少年执笔发声，助力抗疫，传递温暖，弘扬良善。我实验莘莘学子有召唤，敢担当，与中华大地千千万万仁人志士同道，将理性与人性的种子播下，收获健康、永续的华夏中国。

班会活动目的：

1.更深刻地理解爱国主义。将个体命运与国家命运联系在一起，以普通人的身份为国家出一份力。作为学生，应努力学习科学文化知识，将来为国做贡献。

2.通过讲述普通人的故事，特别是医务工作者的故事，引导学生尊重普通劳动者，理解并尊重医务工作者；热爱劳动，从小事做起，立志报国。

3.通过让学生用各种方式表达抗疫感受，锻炼学生的阅读能力、书面表达能力和口头表达、交流的能力。

班会活动准备：

1.教师准备抗疫素材；

2.学生准备个人在抗疫过程中的所见所闻；

3.制作简单的PPT；

4.完成主题班会活动设计；

5.准备网络课程所需的设备、设施。

班会活动形式：本次班会是在师生宅家网课期间召开的，故为线上班会，分四个部分（含两节班会），跨越两周时间进行。

班会活动过程：

第一部分：第一周班会。

班主任准备各行各业工作人员抗疫素材，制作成PPT，给学生集中讲述那些感人的故事，尤其注重讲述医生的故事。

故事①：一个物流配送员的故事。31 岁的快递小哥徐国斌，从腊月二十九到正月初十，没有休息过一天。

故事②：两个社区工作者的故事。小区单元楼封闭管理后，她们承担起整楼 75 户居民日常生活必需品的跑腿代购工作。

故事③：普通医务工作者抗疫的系列故事。

1 月 28 日早上 7 时许，四川省第二批、广元市首批派往武汉的医疗援助队伍出发。在送别现场，丈夫带着哭腔大喊："赵英明，听到没有，平安回来！平安回来！一年的家务我包了！"

医护人员孙春选推迟婚期，奔赴武汉抗疫一线，未婚妻哭着说："我等你！"他也哭着说："等我从武汉平安回来，便娶你为妻！"

"此事我没有告知明昌。个人觉得不需要告诉，本来处处都是战场！"（张旃《与夫书》）

"我必须跑得更快，才能跑赢时间；我必须跑得更快，才能从病毒手里抢回更多病人。同时，我很内疚，我也许是个好医生，但不是个好丈夫。我愿用渐冻的生命，与千千万万白衣卫士一起，托起信心与希望。"（身患渐冻症、奋战最前线 30 余天的武汉市金银潭医院院长张定宇）

一位背着妈妈奔赴一线的小姑娘，戴上口罩，也难掩眉清目秀，青涩可爱。"我可以上，但别告诉我妈妈……"一句话，让人瞬间落泪。

明明自己还是个朋友眼中爱自拍、爱美的女孩子，会撒娇要赖的小可爱，却突然发来一条信息："我报名了，没告诉我妈，怕她跟我拼命。""我也报名了！"私下是闺蜜，抗疫一线是战友。互道一声保重！

武汉一位医护人员在和疫情做斗争，下班后自觉与家人隔离；

另一边，80岁老母亲隔着门，弯着腰给做医生的孩子送年夜饭："孩子，妈妈求求你，一定要保重啊！"

十几个小时连轴转的工作，使穿戴口罩和防护面罩的脸被印上了深深的痕迹。她脱下防护设备后，脸上露出的是甜美的微笑。你可曾想过，她刚才就在和死神博弈。"我是医务人员，穿上这身衣服，我就有责任。"

武汉7名医生在请战书上按下鲜红的手印，申请到疫情最凶险的呼吸科："给我一次机会。"

上海交通大学医学院附属瑞金医院护理部需要组建一支可以支援发热门（急）诊的护士后备队，明确告知两个月不能回家，大手术室姐妹群里，短短3小时内就有110名护士踊跃报名。整齐划一的"我可以"，是这个除夕最让人感动的一句话！没有华丽的辞藻，没有推托的借口，这是生命的接力，这是坚强的誓言，催人泪下！

一位医生小伙子被问到害不害怕感染，他只说了一句"万一的话，我相信我的同事会救我的"，就转身走向传染病房。

故事④：一对夫妻的故事。张斌是广州交警白云一大队机动中队民警，史丽莎是南方医院肾移植科护士。疫情面前，夫妻两人并肩作战，妻子去增援武汉，丈夫在高速路口执勤。

故事⑤：一个环卫工的故事。武汉环卫工周命，从1月23日以来，每天凌晨4时，就会准时到达中南路的驻点。

故事⑥：一个志愿者的故事。武汉雷神山医院建设志愿者危凤，在雷神山医院开始建设时，驾驶着自家的挖掘机参与到建设中。

第二部分：第一周班会课后，学生完成作业。

　　班主任引导学生用自己擅长的方式表达对抗疫防疫的感想，可以是漫画、音乐、诗歌、散文、故事等。

　　学生完成任务后，通过网络提交给班主任。班主任选择其中最有代表性和最用心动人的作品进行修改，并请相关作者准备，在下周班会课上分享。

　　第三部分：第二周班会。

　　学生进行优秀作品分享。

　　作品①（诗歌）：

行至天光

——写给一线医务工作者

在仓促写下的战书上摁下一抹红

一次

又一次

在黎明未醒的天光中

奔赴

那些只剩躯壳上尖角的行尸走肉啊

你们怎敢

踩着年富力强的斑羚苟活

却往遍体鳞伤的恩人身上

再添创伤

是什么在白衣战士晶莹的眼中？

它碾碎了我的心

但我知道那不是无望

漫天的星星有些在坠落

有些在发亮

不屈的奋斗者啊

我不会希望

在黑白的烈士名单里瞧见你年轻的生命

万人无眠的夜有着别样的喧闹

不死的灵魂在蓝白中向死神叫嚣

我站在屋顶上

对黎明将至深信不疑

所以无论黑夜将我驮向何方

都不是在绝望中消亡

在什么时候

天光就撕开乌云

那时

也许下着雨

叫人分不清

究竟天流了泪

还是你

作品②（诗歌）：

思考

窗外的马路不再有恼人的喧嚣和闪烁的灯星，

手机里电视里从早到晚都是报道、采访和发布会。

商场关闭的消息，航班停运的消息……

口罩供不应求，消毒用品销售紧张……

待在家里的我们，每日每夜面对着这些，又在思考什么？

又是一个苦难的庚子年，

苍白的口罩一瞬间就笼罩住了中华大地。

武汉，湖北，全中国。

封住了市区，拉起了警戒线，

有些人惊诧，有些人恐慌；

有些人激昂愤慨，有些人热泪盈眶。

我们在这场浩大的灾难里扮演着不同的角色，

而有些角色注定不同寻常。

他们呼啸而过，铮然出现在生死的一线！

在这白雪茫茫的寒冬，他们学着英雄的样子，当起了我
们的英雄。

我们待在家里，

每日每夜了解纷繁复杂的消息。

有些让我们热泪盈眶，

有些让我们彻夜难眠，

有些却让我们背后一凉，让我们愤怒无比。

年轻的人们似乎一夜之间得到了成长，

而成长的过程里伴随着不断的怀疑和质问。

在这场无比浩大的全国动员里，

无缘于奋战在刀山火海的一线，有什么值得我们思考？

我们要记住那些勇敢的英雄，

也不能忘记身旁无数伟大的社会工作者。

我们要多关注这场疫情的消息，

也不能丧失判断能力为谣言左右。

我们要认识和思考疫情之下的种种问题，

也不能任由自己的情绪无休无止地发泄。

年轻的我们需要被感动，也需要思考，

在这场无比浩大的全国动员里，

我们应该热泪盈眶，也应该彻夜难眠。

这是中华民族的又一场苦难，

这是年轻的我们快速成长的历程。

待在家里的我们，需要好好思考，

我们在这场灾难里，扮演着什么样的角色？

作品③（歌词）：

逆行天使

那是忙碌不曾回头的身影啊

那是疲惫写满善良的笑容啊

那是坚持已久滚烫的泪水啊

那是蹒跚却仍向前的脚步啊

在这片蔚蓝的天空下

多了一股白色的温暖

驶离港湾

抛锚起航

逆着人离开的方向

奔赴战场

用双手开辟生的道路

用坚守埋葬恶的种子

用知识构架坚固的堡垒

守住了我们的希望

布满血丝的双眼期待着重新绽放的生命

用汗水浇灌含苞的希望

心中怀有终会胜利的信仰

没有冬天能埋葬春的昂扬

我们感谢你们的付出

心痛于你们受过的伤

用春风捎去祝福

祝你们

平安

返航

作品④（速写）：

学生的感想：

2021届2班韩同学：

　　正如报刊上所说，英雄就是普通人拥有一颗伟大的心。我并不愿将他们的事迹神化，只是想歌颂在一个个普通人身上所体现出的人性的伟大，他们带来的希望与勇气在这个严冬的黑夜里熠熠生辉。我们要像先贤所言，能做事的做事，能发声的发声，有一分热，发一分光，就如同萤火一般，也能在黑夜里发一点光。无数的光、热聚成一把火，把雪都融化了，融成一个春天。

2021届2班陈同学：

　　有人颓废在软床上，遨游在电子世界中，将"什么都不做就能为国家做贡献的时候到了"这句网络段子付诸实践；有人规划时间提升自我，学习各项技能，将一天过得饱满充实；更有人尝试以己之力为他人、为国家做些贡献，如我校学生会联合各校发起的深圳校际志愿组织，为武汉募集捐款……

2021届2班敖同学：

我们之所以在疫情如此严重的时期还能在家舒舒服服地上课，都是因为那些在一线默默奉献的人——警察、医生以及武汉每个社区的工作者。他们替我们承担，冲在疫情的最前线，我无比感激。

2021届2班蔡同学：

我们是中国的未来，也许现在帮不上什么忙，只能做好自己分内的事——不出门，不捣乱，好好学习。但若干年后，我们一定会挺身而出，肩负重任。

2021届2班喻同学：

此时，任何对社会有帮助的行动都远大于纸上谈兵。唯有更多的人投身到抗击病毒的队伍中去，我们才能更加快速地、彻底地制服它。上下团结一心，终有美好未来。

2021届2班凌同学：

看到一个个英勇地奔赴前线的逆行者、一笔笔饱含真心的捐款、千千万万个"云监工"、一条条通俗易懂的标语……在这次疫情面前，海内外的中华儿女团结一致，共抗疫情，这正是人间温暖。

2021 届 2 班宋同学：

所有为疫情加班赶工、与时间赛跑的劳动者，那些临时医院的建设者，那些警察，那些医用物品制造厂的员工，他们放弃在家安居，与亲人团圆，冒着被病毒感染的风险回到岗位工作。他们是默默无闻的人，但国家危急之时，他们选择怀揣责任返岗。此刻，他们的双手紧握着使国家前行的操纵杆，他们是国家的明天。

2021 届 2 班王同学：

当我们在家中期盼这次疫情赶快结束时，作为高中生的我们，除了保持冷静，做好防护，是否也该思考自己能为这个社会做些什么？与其在家中无所事事，不如去深入了解当下的情况。如果对一些事物不满，更好的做法是去尽力改变而不是单纯抱怨。我们当下应踏实学习，学好知识，将来为这个社会做贡献。

2021 届 2 班翟同学：

有敲键盘的力气，倒不如想想自己能为武汉做些什么，哪怕是捐一个口罩，要知道，无数滴水才能汇聚成河流。

2021 届 2 班林同学：

你又看到了那些条件艰苦却在新年夜一直坚守岗位的医护人员，那些化亲属离去的悲伤为战胜疫情的动力的人，那些时刻等待命令、准备出征的军人和外省医护人员，还有匿名捐款、捐医疗器材的人。有时候看那些新闻，鼻子会忍不住一酸，想起了小时候语文作文的题目：什么是榜样？这，就是榜样。

2021届2班张同学：

在祖国南方一隅，我面对这场疫情，第一次深切体会到无力感。那些数字背后，刺穿了多少家庭的心，带走了多少人唯一的火炬，无长无少，无贵无贱……

人原来可以那么勇敢，再陡的路，再险的索，都是一步步地走过来的。冲在一线的人说，很多时候没有时间担心害怕，我们还有很多事未完成。怎样让承受苦难的个体感受到来自同胞手足真切实在的温度？怎样去记住风雪中"抱薪"的人们？如何学会问心无愧而不事后追悔？如何做一个脚踏实地、正直坦荡、有点用处的人？我一遍遍扪心自问。

我一直希望人人有义不容辞的责任，泰然自若的从容，严格自律的优雅。张伯苓先生的遗愿曾说，凡我友好同学，尤宜竭尽所能，合群团结……无限光明远景，吾将含笑待之。友好同学，务共努力。我愿以此自警。

在此，致敬所有白衣天使。病患有时而穷，而唯有不竭的爱能照亮受苦的灵魂。感念，感念！

（学生实际提交作品较多，不再一一展示。）

班会最后，班主任希望同学们对普通劳动者予以尊重，对医护人员多加关爱，希望同学们为将来的美好生活而努力，并引导大家立志践行。

第四部分：微信公众号分享。在班主任的公众号上分享学生作品。

班会活动反思：

总体来说，如果说这两堂班会课有收获的话，其原因主要是在正确的时间做了正确的事。在这样一个特殊时期，学生的感触其实是很多的，只是缺少一个表达的窗口。而且学生的情绪也是需要安抚、需要引导的。他们接触的信息良莠不齐，班主任刚好可以整理搜集，对学生进行相关教育。事实证明，学生的分享过程十分感人。

这两堂班会课还让我意识到，我个人的能力是十分有限的，而且是有很多缺陷的，但学生的能力则是我们应该相信的。只要调动学生内心的种种真实的感情，他们的表达一定会让我们感到惊艳。班会课是属于全体同学的，不是属于班主任的。班主任苦口婆心讲再多，可能还不及学生之间、同伴之间的一番唇枪舌剑有效果。

我们总是担心学生写不出来，但实际上学生的写作与表达能力远远超出我们的想象。在他们身上，我看到的不是他们的自以为是，也不是情感冲动的表达，相反，我看到了他们的爱国，他们的理想，他们的热情，他们的理性，他们的美好！他们在此过程中分享了很多我不了解的信息，也让我学习到很多。

总之，我从这一系列活动的设计中，至少得到两点收获：一是要在合适的时间做合适的事，这样才能抵达学生的心灵；二是要相信学生群体的能力。

十二、公民素养之社会责任

班会活动背景：通过学生身边的现实困境来理解公民精神的基本面，逐步养成学生的公民素养，为学生成长为合格公民奠基。

班会活动主题：公民素养之社会责任。

班会活动目的：

1. 培养学生的社会责任感；

2. 引导学生自觉养成公民素养。

班会活动准备：

1.学生排演宿舍玩闹、打饭插队情景剧。剧本、编排、演员全部由学生独立承担；

2.班主任准备课件。

班会活动形式：

教师引导；学生小组讨论；PPT 展示。

班会活动过程：

1.导入

班主任：一些社会不良现象常常映入我们的眼帘，让我们血脉偾张，为什么？因为我们每个人都很有社会责任感。今天，我们就来谈谈社会责任感的话题。

（班主任板书：社会责任。）

2.何为社会责任？

班主任：什么是社会责任？同学们能不能尝试回答一下，或者举例？

（学生思考、回答。）

班主任：这当然是个很大的话题，让我们简单归纳一下。

责任主体：自然人，企业等社会组织，国家……

责任类别：与他人、与集体、与社会、与自然……

举例，你对他人的态度和言行，会对他人产生影响。

所以，社会责任是我们在公共生活中必须面对的问题。

3.我们需不需要社会责任？

班主任：在私人领域，我们提倡慎独，自己为自己负责，对他人影响相对较少，至少直接影响较少。在公共领域中，我们该怎么办？

的确，社会责任只是在公共领域中才能发生。但这个公共领域有大有小。大至国家之间，小至个人与个人之间，都属于公共领域。比如宿舍，就是一个公共场所。下面请看一段表演：

（学生表演宿舍情景剧，有人唱歌，有人休息，有人学习，还有人玩游戏。）

班主任：这种情况可能会持续到深夜，直到我们的生活老师一遍遍提醒。这种事能依靠生活老师彻底解决吗？如果不能，那该怎么办？

（学生4人一组讨论，并派代表整理本组结论，并发言。）

班主任：从大家的讨论发言中，我看到了4个字：契约精神。

简单地说，契约精神就是我们做任何与别人相关的事情时都需要经过事先协商，订立基本条文，以便维护我们每个人的合法权益。基于自由、平等、公正的原则订立契约，并遵守契约，是现代文明的基石，也是我们获得自由、平等、公正的源泉。如果没有它，社会就无法运行。

我想起上次我们班上发生的辩论赛弃权的事情，从个人利益的角度讲这样做可能无可厚非，但是从社会责任，从契约精神的角度来看呢？今天，我还想从契约精神这个角度，听听同学们的看法。

（当事人和同学们各自表达自己的观点。）

班主任：可以说，如果当事人没有答应，契约就不成立，既然答应，就应当承担责任。

对契约的遵守是我们社会最基本的要求，或者说是最低要求。比如，我们高一入学开始就学习过深圳实验学校高中部的《学生守则》，我们应该遵守学校的各项规章制度。我们如果觉得有不合理的部分，也有提出的义务。

但如果有人就是不遵守契约，怎么办？

这时候，我们就要由消极的遵守，变成主动的维护。

如果遇到以下情况，我们该怎么办？

（学生表演插队情景剧。）

班主任：你作为学生、作为公民，在生活中有没有遇到过类似不守规则的事情呢？

（学生举例。）

班主任：看，这一系列问题都与此相似。面对这种情况，我们该怎么办？

（学生4人一组讨论，并派代表整理本组结论，并发言。）

班主任：我想，我们的方法无外乎以下几种：合理化不合理行为；坚持纠正；精神胜利法；曲线救国。

有人认为逃避是很正常的，这就是我们的文化和习俗；有人认为，我们应该坚持原则与之斗争；还有人认为这样很容易导致以暴易暴……

我们究竟该怎么办？

在这里，我提出个人建议：坚持基本的契约精神；不以暴易暴（不以暴力抗恶）；保护好自己——要勇敢，也勇于不敢。

同学们代表着未来，你们身上的美好品质，代表着这个社会的美好。希望通过今天的班会，同学们能够思考重信守诺等相关问题，养成良好的公民素养，让世界因为我们的存在而美好，让未来多一点正义的声音。

班会活动反思：

这节班会课属于我们班班会课三大系列之一的公民素养系列。这是此系列的第一次班会，旨在通过学生身边的现实困境来帮助学生理解公民精神的基本面，逐步养成学生的公民素养，为学生成长为合格公民奠基。

本课由最近的几则新闻事件引入，旨在激发学生的社会责任感，鼓励学生表达正义感，引入社会责任的探讨。

接下来进入第一个环节，对社会责任的界定。请学生发言、举例，来使学生渐渐明确社会责任的内涵。这个环节有些拖延，也有点不连贯，最终还是由我指出问题所在。在对比分析中，我也指出了慎独的要旨。

解决了"是什么"的问题，接下来就是"怎么办"的问题，这是本课的关键。我们都知道要承担社会责任，但是我们真的知道怎么承担吗？我们知道社会责任的内涵吗？所以，此环节安排学生上台表演了一个小片段，并让学生接着探讨问题：怎么解决这种常见矛盾？同学们4人一组开始讨论，最后由小组发言人来发言分享。

同学们认为，在自由、平等、公正的协商下基于自愿原则确定契约，大家共同遵守契约，确保契约有效、可行，这就是契约精神。

但问题并没有到此结束，契约精神仅仅是让我们的行为去消极符合规定，但是当契约被破坏时该怎么办？

这时我们请另一组学生表演情景剧，之后学生再次讨论，给出了非常好的结论。这堂课的这两个环节做得很好，班会的教育目的也达到了。

总体上来说，这堂班会课还是比较成功的。不满意的地方主要在一些细节方面。

十三、时间都去哪儿了？

班会活动背景：时间管理一直是困扰高中生的问题，如何优化时间，更好地利用时间，成为时间管理高手，是每个人一生的必修课。高中三年，在有限的时间内，尽可能多地学习各类知识，需要掌握时间管理的方法，要学会高效利用时间。

班会活动主题：优化时间管理。

班会活动目的：

1. 认识时间的重要性，发现无意中"丢失"的时间；

2. 思考如何优化时间的利用。

班会活动准备：

1. 学生排练情景剧片段；

2. 班主任准备班会课件；

3. 班主任准备"时间轴"——《利用时间对照表》。

班会活动形式：本次班会活动分成四部分。

第一部分：撕时间——你有多少时间？

第二部分：看时间——寻找"丢失"的时间。

第三部分：找时间——小组讨论，群策群力。

第四部分：用时间——规划落实。

班会活动过程：

第一部分：撕时间——你有多少时间？

班主任给每个学生发一种划分为24格子的时间轴，让学生首先撕掉睡觉、吃饭的时间，接下来撕掉课间休息时间和早晨、中午、下午社团活动的时间，以及其他时段休息、娱乐、运动的时间，看看每个学生手中剩余的学习时间还有多少。最后撕掉课堂学习的时间，看看还剩多少时间是自主安排的时间。

此环节设计意图：

1. 让学生对每天24小时时间的利用，有一个新的认识。

2. 让学生开始思考哪些时间是被浪费掉的，可以重新规划哪些时间，并意识到每天自主使用的时间很少。

3. 为寻找"丢失"的时间及规划时间做好认识上的准备。

第二部分：看时间——寻找"丢失"的时间。

观看学生表演的情景剧片段。

情景一：课堂上

学生表现困倦睡着、拆东墙补西墙地刷题、传纸条、下五子棋、说话等常见的浪费时间的情景。

情景二：自习课

学生表现不知该做哪科作业，翻找练习册、卷子，题目稍有卡顿就问旁边同学，出教室打水，上厕所，频繁看表等常见的晚自习浪费时间的情景。

情景三：宿舍

学生表现聊天、打闹、玩游戏等常见的浪费时间的场景。

此环节设计意图：

通过常见情景的呈现，激发学生反省自己学习生活中浪费时间的不良习惯，寻找那些在不经意间"丢失"的时间。

此环节由学生自愿报名组成导演组，观察细节，书写脚本，确定演员。每个场景真实呈现日常情形，可以有简单对话，可以只是肢体语言。形式不拘。

第三部分：找时间——小组讨论，群策群力。

1. 针对刚才看到的问题，对照自身，完成《利用时间对照表》；

2. 群策群力，解决问题。

第四部分：用时间——规划落实。

1. 展示清华大学"学霸"的时间规划，学习如何规划时间；

2. 杯子实验。用鹅卵石、沙子、玻璃杯做实验，学生阐释：重要的事放在前面，合理利用碎片时间；

3. 学会利用番茄钟，提高单位时间的学习效率；

4. 关注细节，拒绝完美主义，摆脱拖延症。

班会活动反思：

这是两个课时的班会活动，所有同学都是活动的参与者，班会目标达成。

需要控制学生情景剧的时间，以防班会时间过长。

十四、今天你"高反"了吗？

班会活动背景：高三以来，高三（6）班同学学习态度端正，班级学习风气浓厚。随着复习任务的加重，考试频率的增加，同学们普遍进入疲惫状态，有些同学在几次考试中成绩起伏较大，便失去信心，因此，帮助学生分析当前学习状况，激发学生学习动力至关重要。

班会活动主题：今天你"高反"了吗？

班会活动目的：

1. 帮助学生了解高三备考中期疲惫状态的根本原因，认识到疲惫期是每个人都会面临的情况；

2. 分享走出学习"高原期"的方法。

班会活动准备：班主任准备班会课件。

班会活动形式：本次班会活动分成两部分。

第一部分：了解"高原期"。

第二部分：正确认识和应对高原现象。

班会活动过程：

第一部分：了解"高原期"

1. 导入

珠穆朗玛峰坐落在我国和尼泊尔的交界处，是一座常年积雪的山峰，更是世界海拔最高的山峰，其海拔高达8800多米，这样的高度令很多攀登者都望而却步。

攀登珠穆朗玛峰不仅仅会面临饥寒交迫，而且还可能会有强烈的高原反应。挑战珠穆朗玛峰的攀登者很多，但是成功的却微乎其微。

2. 学习上的"高原反应"

高原现象是人到达一定海拔后，身体为适应这样高度下的气压差、含氧量少、空气干燥等变化而产生的自然生理反应。大部分人初到高原，都有或轻或重的高原反应，一般什么样的人会有高原反应没有规律可循，避免或减轻高原反应的最好方法是保持良好的心态。

海拔的增加让人产生身体上的高原反应，而学习难度的增加会让人产生心理上的"高原反应"。

在学习过程中常会有这样一个阶段，即学习成绩达到一定程度时，继续提高的速度减慢，有的人甚至发生停滞不前或倒退的现象。在总复习的初期，每一个同学都很有信心，学习效果也较明显，但过了一个阶段，即在经历了一段时间的复习之后，成绩就再难有较大提高，甚至忽高忽低。有的同学的复习效果逐步减退，甚至停滞不前，头脑昏昏沉沉，什么事都不想干，看不进书也记不住内容，性情易急躁烦闷。

第二部分：正确认识和应对高原现象

1. "高原现象"是学习过程中必须经过的阶段之一。

学习过程一般要经历三个阶段：开始阶段、迅速提升阶段及高原反应阶段。在开始阶段，要了解新事物、熟悉新规律，学习比较吃力，因此一开始成绩提高较慢。初步适应之后，学习成绩会明显提高，学生因此受到鼓舞，提高了兴趣，树立了信心，因而进步很快。接下来，由于已经掌握了一些知识，剩下的多是难点，加之精神、心理等多种因素，使得学习进步速度突然放慢，尽管每天做练习也很用心，但成绩提高速度较慢，有时甚至出现成绩下降现象，总体上处于一种停滞状态。

2.能进入学习的高原期说明你很棒。

经历了开始的艰辛和收获成果的愉悦，我们才会进入疲惫期，因此，如果能熬过去，我们就能看到光明！

3.如何应对高原现象？

第一环节：学生分享

由学生分享应对疲惫的方法。

第二环节：教师梳理补充

（1）正确认识，减少焦虑。

产生"高原反应"是一种正常现象，这时只要再坚持一下，激励自己，增强信心，这种感觉就会消失。

（2）把握好一轮复习，打牢基础。

有的同学原来基础欠佳，有许多知识点没有弄清楚，有缺、漏、差的情况，在总复习中要及时补上。

（3）集中精力，认真听讲。

越是在疲惫的时候越是要坚持，调节好学习节奏，合理使用精力。上课要集中精神，专心听讲，眼耳手脑并用，积极思维。在听懂的基础上适当做些笔记，不懂的，在课后向老师、同学请教，及时补上。

（4）更新方法，灵活变通。

要掌握行之有效的方法。如果因开始阶段的方法不适用，则应及早更新，如可采用"思维导图法"，即用思维导图将零碎的知识点形成串联，或用"快速阅读科学扫描法"，浏览内容大概，也可用"削枝强干法"记住重点内容等。

（5）放松身心，坚持运动。

班会活动反思：

本次班会课获得了较好的反响，学生们的学习状态在接下来的几天内有了明显好转，越来越多的同学在下午到操场上进行慢跑等运动。但是有关学习方法的引导仍稍显不足，过于笼统，可以再选择另外的班会课对学生进行指导。

后　记

　　2020 年是深圳实验学校建校 35 周年，作为深圳特区成立后由政府创办的第一所公办学校，深圳实验学校恪守"励精图治"的校训，与深圳发展同时代、共旋律、齐向前。深圳实验学校 1985 年建校，2003 年成立教育集团，35 年间在金式如、曹衍清、衷敬高三任校长的领导下，现拥有高中部、光明部、中学部、坂田部、初中部、小学部 6 个公办学部，在校学生 11000 多名，教职工 1300 多名。学校致力于实施以爱国主义教育为基础的健全人格教育，培养有科学思想、人文精神的国家未来的主人，已发展成为一所小、初、高互相衔接，基础性、实验性、示范性为一体的现代化学校。

　　总有一段历史需要铭记，总有一种青春值得梦想。深圳实验学校 35 年的发展历程就是"健全人格教育"的使命担当历程。在集团冯维丹副校长、李笑梅主任的统筹下，在各学部办公室的大力支持下，我整理回顾了学校 35 年健全人格教育的步伐，记录其中的艰辛、坚定、光荣与豪迈……

　　恰巧这时徐怡华老师找到我，希望我帮她将 30 多年教育生涯的思考、25 年班主任经历的实践成果整理出版。徐怡华老师是全国优秀教师、深圳市名班主任，至今仍然奋战在高中部班主任岗位上，是深圳实验学校健全人格教育理念的忠实践行者。于是我将这两部分结合起来，策划设计了本书健全人格教育的整体框架，分为顶层设计、阶段发展、班级实践、辐射推广四大板块，从理论到实践、从历史到当下、从宏观到落地、从成型到推广，对学校健全人格的教育理念进行多层次、全方位的展现。

本书编写期间得到学校、学部领导的大力支持，收录了衷敬高校长《基础教育改革发展的"实验"表达》、李震宇副校长《在战"疫"中成长》、程学军部主任《做真实的教育，成就真实的教育成果》三篇重磅文章，起到了高屋建瓴的作用。龙萍副校长更是在繁忙的工作中亲自审定了学校发展阶段中史实部分的诸多细节，给出了很多建设性的指导和意见。在此一并表示感谢！

徐怡华老师在本书中重点展示了在学校健全人格教育理念下，自己从"菜鸟"班主任到逐渐形成有"华姐"风格的班主任工作模式的过程。金式如校长的"深圳实验学校师生应有努力成为中华民族脊梁的追求""以爱国主义为基础的健全人格教育"的价值倡导、办学理念，深深影响、不断引领着徐怡华老师朝着"脊梁"精进。

本书的最后一部分是由徐怡华"深圳市名班主任工作室"的成员设计并实践的主题班会，集中展示了深圳实验学校健全人格教育理念的辐射推广。这个部分包括：深圳第二高级中学陈河奔老师的《以文化引领新生》、莫彪老师的《让"宅"家更有意义》，深圳实验学校高中部方斯婷老师的《团队精神》、刘琴老师的《为梦想永不止步，做脚踏实地的圆梦人》《我的青春我做主——挑大学、选专业》《向下扎根，向阳生长》、谢瑞钿老师的《责任心，你有吗？》、於胜成老师的《2020，做更好的自己》《抵抗疫情，我们在表达》《公民素养之社会责任》、赵雪老师的《时间都去哪儿了？》，深圳实验学校光明部王硕老师的《大力弘扬科学家精神》、伍喜梅老师的《爱在沟通，换位思考》、杨静老师的《今天你"高反"了吗？》。感谢工作室老师们的用心实践、努力成长！

非常荣幸有机会在中国大百科全书出版社、知识出版社的大力支持下，将深圳实验学校健全人格教育的理念、践行、推广整理出版。感谢一同成长的学生、家长以及同事、同行，更要感谢深圳实验学校。我们坚信不论过去、现在还是将来，深圳实验学校都将始终坚守、践行健全人格的教育理念，不断筑梦逐梦。扬帆新时代，逐梦实验人！

吴平波

2021 年 9 月于深圳